PIPPA GREENWOOD

DER BLUMENGARTEN

AUSWAHL DER SCHÖNSTEN BLÜTENPFLANZEN, GESTALTUNG UND PFLEGE

DORLING KINDERSLEY

DORLING KINDERSLEY
London, New York, Melbourne, München und Delhi

Projektbetreuung Jennifer Jones, Annabel Morgan
Bildbetreuung Jane Bull
Herstellung Silvia La Greca
Cheflektorat Louise Abbott
Chefbildlektorat Lee Griffiths
DTP-Design Matthew Greenfield
Bildrecherche Sean Hunter
Spezialfotografie Dave King
Umschlaggestaltung Beate Fellner, Petra Schneider nach einer Idee von Neal Cobourne

Für die deutsche Ausgabe:
Programmleitung Monika Schlitzer
Projektbetreuung Regina Franke
Herstellungsleitung Dorothee Whittaker
Herstellung Beate Fellner, Petra Schneider

Bibliografische Information Der Deutschen Bibliothek
Die Deutsche Bibliothek verzeichnet diese Publikation in der Deutschen Nationalbibliografie; detaillierte bibliografische Daten sind im Internet über http://dnb.ddb.de abrufbar.

Titel der englischen Originalausgabe:
The New Flower Gardener

Übersetzung Susanne Bonn
Redaktion Regine Gerst, Monika Rohde

ISBN 3-8310-0835-3

Printed and bound in Hong Kong by Toppan

Besuchen Sie uns im Internet
www.dk.com

INHALT

TEIL EINS

GÄRTNERN MIT BLUMEN

Überleben als Anfänger im Blumengarten

TEIL ZWEI

LIEBLINGS-BLUMEN

Eine persönliche Auswahl der schönsten Blütenpflanzen

TEIL DREI

RICHTIG PFLANZEN

So wählen Sie die richtigen Pflanzen für Ihren Blumengarten

Einleitung

Für Hobbygärtner sind es vor allem Blütenpflanzen, die Leben in den Garten bringen, und das unabhängig von seiner Größe oder Lage, seiner Bodenbeschaffenheit oder den Problemzonen. Ob im bunten Muster einer Rabatte oder zur genaueren Betrachtung in Vase oder Kübel – Blumen werden Ihnen immer Freude bereiten. Ich habe mein Leben lang mit Blumen gelebt und gearbeitet, und doch bin ich jedes Jahr erneut von ihrer Schönheit, ihrer Vielseitigkeit und Raffinesse überwältigt. Zwar kann ich mich selbst kaum für bestimmte Lieblingsblumen entscheiden, aber ich habe hier eine Auswahl getroffen, die – so hoffe ich – auch für den Gartenneuling leicht zu pflegen sind. Es sind meist überall erhältliche Zuchtformen. Ihr Gärtner wird Ihnen aber, wo nötig, geeignete Alternativen anbieten. Ob Sie schon seit Jahren im Garten arbeiten oder das Hobby gerade erst ausprobieren – das Gärtnern mit Blumen bringt Ihnen mit Sicherheit viel Freude. Ich hoffe, dass dieses Buch Sie anregt, nun in Ihren Garten zu gehen und das Beste aus ihm zu machen.

TEIL EINS

GÄRTNERN MIT BLUMEN

Was ist eine Blume?

HEREINSPAZIERT
Bienen, die Blüten besuchen, sammeln mit ihrem pelzigen Körper Blütenstaub und transportieren ihn von Blüte zu Blüte.

DAS AUSSEHEN und der Duft der Blumen dienen der Fortpflanzung. Um Samen zu entwickeln, müssen Pflanzen bestäubt werden. Ihre Blüten ziehen dafür Insekten an, die die Pollen von Blüte zu Blüte tragen. Pflanzen, die sich gegenseitig bestäuben und so fortpflanzen, gehören zu einer »Art«. Wie im Tierreich entstehen bei der Fortpflanzung zwischen den Arten oft unfruchtbare Nachkommen. Innerhalb einer Art kommt es durch natürliche genetische Abweichungen z. B. zu Blumen in verschiedenen Farben. Wenn ein Züchter eine schöne Variante entwickelt, die auch in der nächsten Generation mit Sicherheit auftritt, kann er sie als »Kultursorte« verkaufen.

MARKIERT
Wie auf einer Flugzeuglandebahn erleichtern Markierungen auf dieser Stiefmütterchenblüte den Anflug der Pollenträger.

Pollen aus den Staubgefäßen kommt zum Stempel einer anderen Blüte.

ÜPPIGE REIZE
Farbe und Duft der Lilie ziehen Insekten an – die offene Form und die hervorstehenden Staubgefäße erleichtern den erfolgreichen Besuch.

Farben im Rot-Blau-Spektrum ziehen Insekten an.

ENGER TUNNEL
Enge Gänge führen zum Nektar am Ende der trichterförmigen Bartfadenblüten. Die Gänge sind so eng, dass jedes Insekt, das hineinkriecht, reichlich Blütenstaub davonträgt.

Blüten öffnen sich nacheinander, die Befruchtung wird länger fortgesetzt.

GUTER SCHUTZ
Blüten in Form von winzigen »Koffern« schützen Nektar und Blütenstaub der Lupinen gut vor der Witterung, lassen die Blütenstaub tragenden Insekten aber leicht ein.

UNÜBERSEHBAR
Schmetterlinge mögen flache Blumen zum Sonnen und Trinken. Das Zentrum dieser Anemone führt sie zur richtigen Stelle.

LOCKENDER DUFT
Pflanzen mit unscheinbaren Blüten wie diese Wolfsmilch wenden andere Tricks an: Sie locken Insekten mit Düften oder auffälligem Laub, das ebenso attraktiv wirkt wie Blütenblätter.

LEBENSERWARTUNG VON BLUMEN

Die Lebensdauer von Pflanzen ist sehr unterschiedlich, ebenso die Zeit, die sie brauchen, um Blüten anzusetzen. So durchlaufen Einjährige ihren gesamten Lebenszyklus – keimen, heranwachsen, blühen, Samen bilden und absterben – in einer Saison. Ausdauernde Pflanzen blühen dagegen jahrein, jahraus. Diese Pflanzen entwickeln langfristige Überlebensstrategien: In kalten Wintern liegen sie sicher unter der Erde, oder sie entwickeln dauerhaft robuste, holzige Stängel. Viele Pflanzen, die ihr Überleben nach dem Motto »Doppelt genäht hält besser« sichern, haben eine zweite, nichtgeschlechtliche Form der Fortpflanzung und sind nicht notgedrungen auf Samenbildung angewiesen: Ihre Wurzeln und Stängel breiten sich aus und bilden neue, mit der Mutterpflanze identische Pflänzchen, die selbständig lebensfähig sind. Diese Fortpflanzungsart wird schon lange von Gärtnern ausgenutzt, die so zu neuen Pflanzen kommen und natürliche Abweichungen bei Kultursorten ausschließen wollen .

JAHR FÜR JAHR
Ausdauernde Pflanzen können viele Jahre überleben. Stauden wie diese *Anemone × hybrida* 'Max Vogel' sterben im Spätherbst völlig ab und treiben im Frühjahr wieder neu aus. Ausdauernde Immergrüne behalten ihre Blätter das ganze Jahr über.

PRÄCHTIGE WIESE
Einjährige vollenden ihren Lebenszyklus in einem Jahr: Samen wird verbreitet, keimt und wächst zu einer Pflanze heran, die blüht, Samen ansetzt und schließlich abstirbt. Mit einjährigen Blütenpflanzen wie Kornblumen, Kalifornischem Mohn und Maßliebchen kommen Sie leicht und billig zu einer bunten Wiese voll leuchtender Farbenpracht.

IN VOLLER BLÜTE
Zweijährige wie dieser Goldlack brauchen zwei Wachstumsperioden, um ihren Lebenszyklus zu vollenden. Im ersten Jahr wachsen die Samen zu einer Blattpflanze heran, die im nächsten Jahr Blüten ansetzt. Viele kommen im Alter von einem Jahr in den Handel, so können Sie sich Platz und Zeit der Anzucht sparen.

Das Blütenjahr

EIN BLUMENGARTEN im Hochsommer enttäuscht selten – außerhalb der Hauptsaison sieht die Sache oft anders aus. Doch mit etwas sorgfältiger Planung gelingt Ihnen ein Garten, in dem fast das ganze Jahr hindurch Blumen erblühen und den sie voller Stolz und Freude genießen können. Wenn die Blüten der jeweiligen Jahreszeit Sie herzlich in den Garten einladen, werden auch die unangenehmsten Gartenarbeiten zum Vergnügen.

FRÜHLINGSERWACHEN
Rollen Sie zum Empfang des Frühlings einen bunten Blumenteppich aus roten und gelben Tulpen, blauen Vergissmeinnicht, rostrotem und braunem Goldlack aus. Dazu ein Farbtupfer aus weißen Narzissen und Hyazinthen, und das Ergebnis wirkt ebenso exotisch wie ein gemusterter Orientteppich – vom Duft ganz zu schweigen.

ÜBERGANGSZEIT
Während des Übergangs vom Frühjahr zum Sommer verblassen die Farben im Garten oft – die Frühlingsblumen sind verblüht, die ganze Schönheit des Sommers steht noch aus. In dieser Übergangszeit sorgen eine rosa Buschmalve, rosa Schafgarbe und einige frühe Rosen – diese Pflanzen blühen fast den ganzen Sommer – für leise Farbtöne.

SOMMERGLUT
Um die Mitte des Sommers sollten die Pflanzen kräftig und üppig sein. Auf dem Höhepunkt dieser Jahreszeit gleichen Rabatten einem sattfarbenen Feuerwerk: Feurige Dahlien und Fackellilien dienen der goldgelben und rotbraunen Sonnenbraut als ein sie betonender Hintergund. Diese Rabatte wird auch im Herbst noch leuchten.

HERBSTFARBEN
Dies ist der Beweis, dass auch der Herbst seine schönen Seiten hat. Hier wächst die rosa Herbstzeitlose zwischen den Blättern des winterharten Storchschnabels (und wird so gestützt). Mit seinem rötlich gefärbten Laub trägt er ebenfalls zur Schönheit dieser Kombination bei.

WINTERLICH
Die Schätze des Winters sind klein und elegant. Zu dieser Jahreszeit genieße ich den Anblick eines Teppichs aus Alpenveilchen *Cyclamen coum* in Rosa oder Weiß, der zierlich mit frühen Schneeglöckchen *Galanthus nivalis* gesprenkelt ist. So ist ein Garten auch im Winter nicht langweilig!

HIMMELSBLAU *rechts*
Das strahlende Azurblau der Kornblumen reflektiert den wolkenlosen Sommerhimmel.

Der Blumengartenkalender

SAISON	FRÜHLING	SOMMER
DAS GESCHIEHT IM GARTEN	Wenn der Frühling kommt, erwacht der ganze Garten aus seinem langen Winterschlaf. Die Temperaturen steigen, und die Tage werden heller und länger. Es vibriert plötzlich in allen Beeten und Rabatten, neues Leben regt sich und alles beginnt zu wachsen: Stängel durchstoßen die dunkle Erde, Knospen brechen auf, es entwickeln sich neue Blätter und Blumen. Im Handumdrehen verschwindet die Düsternis des Winters, der Garten schmückt sich mit den ersten Frühlingsblumen.	Der Sommer mit seinen schnellwachsenden, üppig blühenden Pflanzen ist eine schöne Jahreszeit im Garten. Jetzt gibt es viel zu tun, wie etwa die regelmäßige Kontrolle der Pflanzen auf Schädlinge und Krankheiten. Gegen Ende des Sommers lassen Wachstum und Blühkraft vieler Blumen nach. Wenn Sie nicht sorgfältig genug geplant haben, kann es sein, dass Ihr Garten zu dieser Zeit nicht mehr so beeindruckend aussieht.
DAS SIEHT GUT AUS	Anemonen, Blaukissen, Ehrenpreis, Maßliebchen, Goldlack, manche Heidearten, Immergrün, Küchenschelle, Polyanthus, Primeln, Stiefmütterchen, Veilchen, Vergissmeinnicht. Viele Zwiebelblumen blühen im Frühling, z. B. Hyazinthen, frühe Iris, Kaiserkronen, Krokusse, Narzissen, Schachblumen, Sternhyazinthen, Traubenhyazinthen und Tulpen.	Akelei, Bärenohr, Clematis, Frauenmantel, Gartenreseda, Gemswurz, Glockenblumen, Grasnelke, Hibiskus, Immortelle, Iris, Königskerze, Kugeldistel, Lavendel, Levkojen, Lichtnelke, Lilien, Mohn, Pfingstrosen, Rittersporn, Scheinmohn, Schleierkraut, Sommerazalee, Sonnenblumen, Sonnenröschen, Steinkraut, Strauchveronika, Kamille, Thymian und viele Sommerblumen.
DAS IST ZU TUN	• Entfernen Sie im Frühjahr die letzten verblühten Stängel und Blätter von Stauden. • Pflanzen Sie jetzt Stauden – besonders bei schwerem Boden. • Stellen Sie Stangen und andere Stützen für die Blumen auf, die früh zu wachsen beginnen. • Beginnen Sie mit dem Düngen. Mit Kalidünger fördern Sie die Blüte, mit Volldünger das allgemeine Wachstum. • Säen Sie – im zeitigen Frühjahr die Einjährigen und später winterharte Stauden. • Setzen Sie Zwiebeln von Sommerblumen wie Lilien. • Graben Sie Schneeglöckchen und Winterling aus, teilen und versetzen Sie sie. • Schneiden Sie Basalstecklinge von neu austreibenden Stauden. • Teilen Sie alle Stauden, die zu dicht gewachsen sind, und versetzen Sie sie. • Achten Sie auf Schädlinge und Krankheiten und gehen Sie gegen sie vor, bevor sie sich ausbreiten können. • Schneiden Sie spätblühende Clematis im Frühling zurück. • Mulchen Sie um die Basis von Stauden.	• Düngen Sie die Blumen weiterhin regelmäßig. Einjährige können Sie bis zum Ende des Sommers weiterdüngen, bei ausdauernden Pflanzen sollten Sie Mitte des Sommers damit aufhören. • Pflanzen Sie im Frühsommer Zwiebeln von Herbstblühern wie Herbstzeitlosen. • Gießen Sie nach Bedarf. • Stützen Sie Stauden ab. • Entfernen Sie abgeblühte Blumen. Wenn Sie Ihre eigenen Samen ziehen wollen, lassen Sie einige Samenstände ausreifen. • Binden Sie neue Triebe von Kletterpflanzen fest. • Pflücken Sie regelmäßig Wicken, damit diese gleichmäßig weiterblühen können. • Säen Sie im Frühsommer einige frostempfindliche Einjährige, die später im Sommer für Farbe sorgen. • Achten Sie auf Schädlinge und Krankheiten und ergreifen Sie geeignete Maßnahmen. • Sammeln Sie im Spätsommer die Samen Ihrer Lieblingspflanzen. • Säen Sie Zweijährige, die im nächsten Jahr blühen sollen.

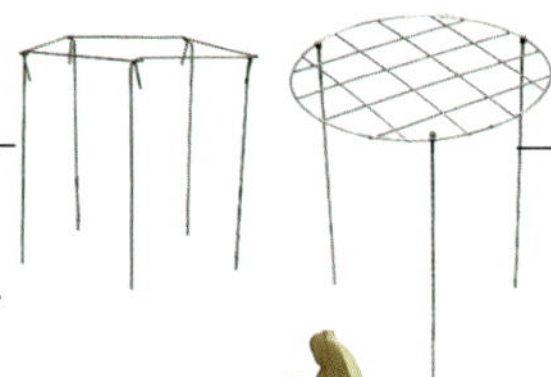

Herbst

Wenn die Tage kürzer und merklich kälter werden, bereiten sich viele Pflanzen auf den Winter vor – sie wachsen deutlich langsamer, vor allem gegen Ende dieser Jahreszeit. Genießen Sie jetzt die Wärme, die Rudbeckie, Mauerpfeffer, Goldrute und Fackellilien ausstrahlen. Viele Pflanzen, die früher im Jahr geblüht haben, tragen jetzt interessante Samenstände, Beeren oder Früchte, und ihre Blätter nehmen attraktive Farben an, wenn sie absterben.

Herbstblühende Alpenveilchen, Astern, Bärenohr, Viticella-Clematis, Dahlien, Fackellilien, Fuchsien, Guernseylilien, Goldkrokus, Goldrute, Herbstanemonen, Herbstenzian, Herbstzeitlose, Spaltgriffel, Kokardenblume, Kornblumen, Mauerpfeffer, Montbretie, Rudbeckie, Sonnenbraut, Strauchveronika, Tigerlilien.

- Schneiden Sie weiterhin regelmäßig verwelkte Blüten ab.
- Pflanzen Sie Stauden – der Herbst ist dafür besonders gut geeignet, wenn Ihr Boden eher trocken ist.
- Entfernen Sie die verwelkten Blätter von Stauden, lassen Sie dabei einige hängen als Schutz gegen die Kälte im Winter.
- Entfernen Sie die letzten Sommerblumen und -pflanzen und ersetzen Sie sie durch im Winter oder Frühling blühende Pflanzen, die frische Farbe bringen.
- Achten Sie auf Schädlinge und Krankheiten, die den Winter überleben könnten.
- Pflanzen Sie viele Zwiebeln für den Frühling überall hin.
- Graben Sie die Knollen von Gladiolen und Dahlien aus und lagern Sie sie trocken.
- Bereiten Sie den Boden für eine spätere Bepflanzung im Herbst oder im Frühling vor. Arbeiten Sie Bodenverbesserer ein.
- Graben Sie die Wurzelballen von Stauden aus, die zu dicht geworden sind, teilen Sie sie und setzen Sie die neuen Ballen sofort wieder ein.

Winter

Im Winter ruhen die meisten ausdauernden und Zwiebelpflanzen, viele von ihnen sterben ab. Deshalb sind diejenigen, die noch Blätter haben – oder gar solche, die in dieser Jahreszeit blühen – wahre Juwelen, Farbtupfer in einer sonst tristen Umgebung. Wenn Sie sorgfältig planen, können Sie dafür sorgen, dass es immer interessante Punkte in Ihrem winterlichen Garten gibt. Setzen Sie Winterpflanzen in die Nähe des Hauses, damit Sie sie bei jedem Wetter vom Fenster aus bewundern können.

Jetzt blühen frühe Krokusse, Alpenveilchen, im Winter blühende Heidearten, Christrosen, Iris (insbesondere *Iris reticulata* und *I. unguicularis*), Märzenbecher, frühe Narzissen, Schneeglöckchen und Winterling. Die Samenstände vieler Pflanzen wie Mauerpfeffer und Disteln sehen mit Reif bedeckt sehr schön aus.

- Graben Sie rechtzeitig, bevor es wirklich kalt wird, alle Stauden aus, die den Winter im Freien nicht überleben; lagern Sie sie frostfrei oder sorgen Sie für Kälteschutz.
- Entfernen Sie Herbstlaub aus der Umgebung der Pflanzen, bevor es fault.
- Planen Sie, was Sie im nächsten Jahr pflanzen wollen.
- Bestellen Sie so schnell wie möglich Samen aus dem Katalog, solange noch eine gute Auswahl vorrätig ist. Lagern Sie die Samen kühl, aber frostfrei und trocken, bis die Zeit zum Aussäen gekommen ist.

Ein guter Start

ERFOLGREICHES GÄRTNERN braucht keine Geheimrezepte – wenn Sie neuen Pflanzen einen guten Start geben, können Sie sie viel leichter, gesund und gut aussehend erhalten. Der erste Schritt für den Erfolg ist ein guter Kauf, und sehr wichtig hierbei: Bevor Sie Geld für Pflanzen ausgeben, sollten Sie sicher sein, dass diese gut gezogen und gepflegt wurden. Entscheiden Sie erst in aller Ruhe, wo Sie kaufen – wo können Sie sicher sein, dass Sie Qualität erhalten? – dann überlegen Sie, welche Pflanzen Sie kaufen. Der Rest – richtigen Pflanzort aussuchen, sorgfältig anpflanzen und während des Anwachsens gut versorgen – ist Ihre Sache.

SOMMERBLUMEN WÄHLEN
Wählen Sie immer gesund aussehende, robuste Pflanzen mit zahlreichen Knospen – ich stelle Steigen mit voll erblühten Pflanzen wieder hin, sie haben schon einen Teil ihrer Blühkraft verbraucht.

STAUDENKAUF
Wählen Sie Pflanzen mit gesunden, grünen Stängeln und Blättern ohne Anzeichen von Schädlingen und Krankheiten. Manchmal können Sie ein Schnäppchen machen – diese Primel kann geteilt werden, Sie bekommen also drei Pflanzen zum Preis von einer.

PFLANZEN

Pflanzen ist leicht und sollte Spaß machen. Die hier gezeigten Schritte dauern nicht lange und sollen dazu führen, dass Ihre Pflanzen beste Wachstumschancen haben. Kaufen Sie Ihre Pflänzchen so kurz wie möglich vor dem Pflanzen, damit sie nicht austrocknen oder beschädigt werden, bis es soweit ist. Wenn Ihr Boden eher trocken ist, arbeiten Sie, bevor Sie mit dem Pflanzen beginnen, zuerst organische Substanz ein. Wenn der Boden das Wasser zu gut hält, arbeiten Sie Lava und Kompost ein.

1 Ein Pflanzloch graben, das breiter und tiefer ist als der Wurzelballen, die Erde an den Rändern lockern. Volldünger in die ausgehobene Erde streuen und beides mischen.

2 Bei trockenem Substrat erst gießen. Den Topf mit einer Hand halten, die Pflanze mit der anderen. Topf zusammendrücken, dann umdrehen und die Pflanze herausnehmen.

3 Den Wurzelballen mit den Fingerspitzen lockern, dabei vorsichtig die äußeren Wurzeln lösen. So kann die Pflanze bald in die Erde um das Pflanzloch wurzeln.

WIE VIELE PFLANZEN?

Eine welke Pflanze hat entweder zu viel oder zu wenig Wasser bekommen. Eine Pflanze, die öfter schlecht behandelt wird, kann Schäden aufweisen, die man nicht sofort sieht – wie beispielsweise an der Wurzel.

•

Kaufen Sie in guten Gärtnereien. Meist kann man sich darauf verlassen, dass sie gesunde Pflanzen anbieten.

•

Lassen Sie sich nicht auf »Schnäppchen« ein – eine billige Pflanze ist kein günstiger Kauf, wenn sie Schädlinge und Krankheiten einschleppt.

•

Wenn Sie ein Gartencenter bevorzugen, finden Sie dessen Liefertermine heraus – legen Sie Ihre Besuche so, dass Sie zwischen den frischesten Pflanzen wählen können.

Beim Einkauf sollten Sie daran denken, dass das kleine Pflänzchen vor Ihnen noch nicht die Größe der ausgewachsenen Pflanze hat. Rechnen Sie deshalb erst aus, wie viele *ausgewachsene* Pflanzen Sie brauchen. Wie hoch und breit die Pflänzchen werden, können sie der Pflanzenbeschreibung entnehmen. Falls die Rabatte zunächst kahl aussieht, füllen Sie die Lücken mit Sommerblumen auf.

PFLANZENGRUPPEN
Um den Abstand zwischen zwei Pflanzenarten zu berechnen, addieren Sie den Umfang der beiden und teilen ihn durch zwei.

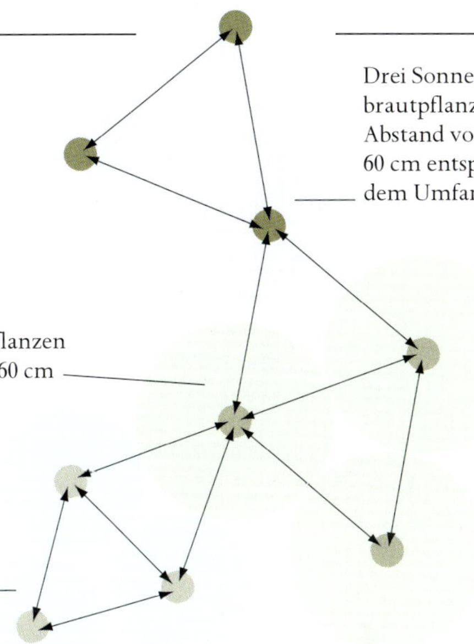

PFLANZENUMFANG
Der junge Bartfaden breitet sich eines Tages bis zum Rand des Kreises aus.

HÖHE
Es ist sinnvoll, die Pflanzen so anzuordnen, dass die höchsten hinten stehen.

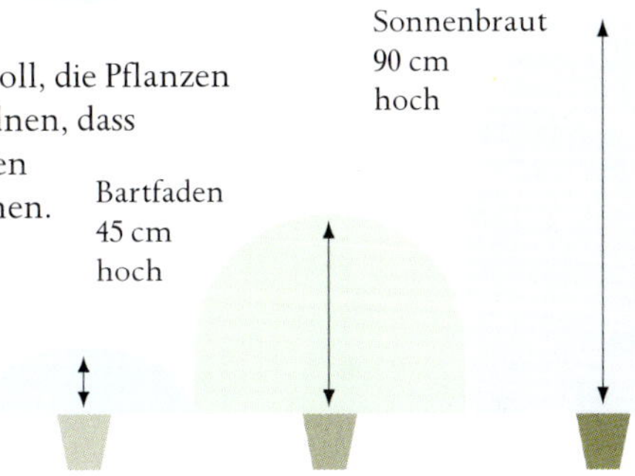

4 Die Pflanze in die richtige Tiefe setzen, die Oberfläche des Substrats muss mit dem oberen Rand des Pflanzloches abschließen. Loch auffüllen, Erde um die Wurzeln festdrücken.

5 Mit der Kanne gründlich gießen. Wenn der Boden einsinkt, mit Erde auffüllen, sodass die Pflanze selbst genauso tief sitzt wie vorher im Topf.

6 Die gesamte Wurzelfläche 5–7,5 cm tief mulchen, um Unkraut abzuwehren und den Boden feucht zu halten. Die direkte Umgebung der Stängel freilassen.

Die besten Jahreszeiten zum Pflanzen sind Herbst und Frühling, achten Sie aber auf die Pflanzenbeschreibung.

•

Im Frühling oder Sommer pflanzen Sie gegen Abend. So kann sich die Pflanze akklimatisieren, bevor es tagsüber heiß wird.

•

Gießen Sie vor dem Pflanzen. Pflanzen Sie nie in zu nassem Boden. Halten Sie während des Anwachsens den Boden feucht.

Anzucht aus Samen

Wenn Sie Ihre Blumen selbst aus Samen ziehen, eröffnen sich ganz neue Möglichkeiten. Die Auswahl, die Ihnen zur Verfügung steht, ist fast unbegrenzt. Zudem macht das Aufziehen von Pflanzen aus Samen Spaß, besonders wenn Sie mit weniger anspruchsvollen Samen beginnen, die auch ohne zusätzliche Wärmezufuhr keimen. Substrat, Pflanzschalen oder Töpfe kosten wenig. Sie bestücken Ihren Garten also sehr preisgünstig. Vielleicht investieren Sie ja auch in einen beheizten Anzuchtkasten – für die Aussaat von schwierigeren Samen.

Manche Samen können direkt ins Freie gesät werden (siehe S. 20–21), Sie haben aber viel mehr Auswahl, wenn Sie die Samen unter einer Abdeckung vorziehen, wie hier beschrieben. Wenn Sie kein Gewächshaus haben, stellen Sie Ihre Pflanzschalen an ein sonniges Fenster auf Aluminiumfolie (sie reflektiert das Licht) und drehen Sie sie oft um, damit sich die Pflanzen nicht dem Licht zuneigen.

Aussaat unter Folie

1 Eine neue oder gründlich gereinigte Schale und steriles Substrat verringern die Gefahr von Krankheiten. Das Substrat sieben.

2 Die Schale bis zum Rand füllen. Das Substrat mit der Hand oder einem Stück Holz glätten. Die Füllung sollte 1 cm unter dem Rand der Schale enden.

3 Das Substrat gründlich mit einer Sprühkopfgießkanne wässern. Aus Hygienegründen Leitungswasser verwenden. Den Kopf möglichst so drehen, dass er nach oben zeigt.

4 Die Samen gleichmäßig dünn über das Substrat verteilen. Die Samen in eine hohle Hand legen und mit der anderen vorsichtig tippen, damit die Samen gleichmäßig rieseln.

5 Viele Samen müssen dünn mit Erde bedeckt werden (Packungsrückseite lesen). Wenn nicht, die Pflanzschale mit Plastikfolie abdecken, damit der Boden feucht bleibt.

FEINE SAMEN AUSSÄEN

Die meisten Samen lassen sich leicht aussäen, sehr feine jedoch, z. B. Lobeliensamen, sind schwer gleichmäßig zu verteilen und brauchen eine spezielle Behandlung. Wenn Sie zu dicht säen, wachsen die Keimlinge später zu eng und sind außerdem anfällig für Krankheiten und Vergeilung (schwächliche, gelbe Pflanze). Einfacher ist es, den Samen mit Sand zu »verdünnen«. Diese Mischung streuen Sie dann möglichst gleichmäßig auf das Substrat.

1 Den Samen gründlich mit feinem Gartensand mischen. Vermeiden Sie den billigeren Bausand, er enthält zu viel Verunreinigungen, die Keimung und Wachstum behindern.

2 Ein Stück festes Papier oder Pappe mit einem Faltknick in der Mitte ergibt eine hervorragende Rutsche, um das Sand-Samen-Gemisch gleichmäßig auf dem Substrat zu verteilen.

SAMEN UND PERLIT

Viele feine Samen brauchen Licht zum Keimen. Bedecken Sie sie mit Perlit (einem leichten, körnigen Material), es lässt etwas Licht durch und hilft, die Samen feucht zu halten.

PIKIEREN

Die Keimlinge brauchen Platz zum Wachsen, und Sie sollten sie in eine geräumigere Umgebung setzen (»pikieren«), sobald sich die ersten Paare echter Blätter zeigen. Bereiten Sie einige Töpfe oder eine zweite Pflanzschale vor (*siehe Bild*). Die Arbeit wird leichter und die Wurzeln werden weniger beschädigt, wenn Sie das Substrat gründlich wässern Sie, bevor Sie die Keimlinge aus ihrer Schale nehmen.

1 Jeden Keimling aus der Pflanzschale lösen. Ich benutze einen Bleistift, aber ein Setzholz eignet sich ebenfalls. An den Keimblättern anfassen.

2 In regelmäßigen Abständen Löcher in das neue Substrat bohren und die Keimlinge einzeln setzen. Die Erde um die Wurzeln leicht andrücken und angießen.

AUSPFLANZEN

Die meisten unter Glas gezogenen Keimlinge müssen »eingetopft« (in einzelne Töpfe gesetzt) werden. So entwickeln die Pflänzchen ein kräftiges Wurzelsystem, gesunde Stängel und Blätter, bevor sie ans Freie gewöhnt bzw. »abgehärtet« werden. Zum Abhärten stellen Sie die Pflanzen tagsüber draußen an einen geschützten Ort und holen sie abends herein. Das wiederholen Sie mehrere Tage.

AUSSAAT IN MULTITOPFPLATTEN

Große oder fertig pillierte Samen, die für beliebte Pflanzen im Angebot sind, können in einzelne Töpfe der Multitopfplatte gesät werden. Diese Art der Aussaat ist sehr nützlich, denn hierbei müssen Sie nicht pikieren, und wenn es dann Zeit wird, die einzelnen Pflänzchen in größere Gefäße zu setzen, hat jedes ein gut entwickeltes, unbeschädigtes Wurzelsystem.

1 Substrat über die Töpfe sieben und gleichmäßig mit der Hand verteilen, sodass die Zellen bis knapp unter den Rand gefüllt sind.

2 Samen (hier Sonnenblumen) einzeln in die Töpfe legen und mit Substrat bedecken. Eventuell zwei Samen in eine Zelle legen und den schwächeren entfernen.

3 Auf den Topfboden drücken, um den Substratballen mit dem Wurzelsystem zu lösen. Pflänzchen nach Bedarf eintopfen oder gleich ins Freie setzen.

WINTERHARTE EINJÄHRIGE INS FREILAND SÄEN

Nicht alle Samen müssen in Schalen, Töpfen und Kultursubstrat vorgezogen werden. Winterharte Einjährige können direkt in den Garten gesät werden, entweder als »Füllung« zwischen Stauden oder, wie hier, in Gruppen, um kräftige Farbtupfer zu erhalten. Das Säen ist eine Frühjahrsarbeit, wenn auch einige Pflanzen im Herbst gesät werden können. Auf der Rückseite der Samenpackung finden Sie Angaben über Saatzeit, Pflanztiefe und -abstand, und ob sich der Samen für die Aussaat ins Freie eignet.

1 Unkraut, Abfall und große Steine aus dem Beet entfernen. Gut umgraben und wieder glätten. Die Erde mit flachen Schritten festtreten, sodass sie sich später nicht mehr senkt.

2 Die oberste Erdschicht vorsichtig mit einer Harke lockern, damit die Samen gute Keimbedingungen vorfinden. Wenn der Boden gedüngt werden muss, etwas Dünger mit einarbeiten.

Benutzen Sie immer Gartensand, keinen Bausand. Den vertragen die Pflanzen nicht. Trocken verarbeitet er sich leichter als feucht.

•

Wenn Sie in gerade Rillen säen, stehen die Sämlinge zwar zuerst stramm, aber wenn die Pflänzchen wachsen, sind die Reihen nicht mehr zu sehen.

•

Spannen Sie ein Netz oder Bindfaden über das Beet, um Vögel von den Samen fernzuhalten, bis diese gekeimt haben.

3 Die Zonen, in denen verschiedene Pflanzen gesät werden sollen, mit Gartensand markieren (*links*). Flächen in verschiedenen Größen sehen meist besser aus. Die Erde, auf der Sie gestanden oder gekniet haben, noch einmal mit der Harke auflockern.

4 Mit einem Stock oder Bambusrohr Rillen markieren, in diese den Samen legen. Bei Aussaat in Reihen ist es leichter, Unkraut und Keimlinge zu unterscheiden, wenn sie sich zeigen.

5 Den Samen in die Rillen legen, nicht zu dicht, trotzdem mehr säen, als gebraucht wird. Es ist besser, die Keimlinge nachher auszudünnen.

6 Die Ränder zusammendrücken und die Samen mit Erde bedecken. Falls es nicht regnen sollte, den Boden leicht angießen. Die Keimlinge nach Bedarf ausdünnen.

Eigene Samen

Platterbse
(Lathyrus latifolius)

ES IST IMMER SCHÖN, Blumen aus Samen zu ziehen, die Sie selbst gesammelt haben. Manche Pflanzen, reine Arten und einige Kultursorten entwickeln sich sortenecht aus Samen: Die neuen Pflänzchen sehen den alten sehr ähnlich. Die meisten Kultursorten und alles, was als F1-Hybride bezeichnet wird, bringen Pflanzen hervor, die anders aussehen als die Eltern, aber das Ergebnis kann eine Zierde für den Garten sein. Sammeln Sie keine Samen von kranken Pflanzen, denn Infektionen werden auch durch Samen übertragen. Notieren Sie sich, was Sie wann gesammelt haben.

Sammeln Sie nur ausgereifte Samen. Wo möglich, binden Sie eine Papiertüte locker um den heranreifenden Samenstand.

•

Sammeln Sie keine vom Tau noch feuchten Samen am frühen Morgen. Für die Aufbewahrung eignen sich Papiertüten am besten, in ihnen kann sich keine Feuchtigkeit bilden. Lagern Sie Samen kühl, trocken und frostfrei. Angaben über Zeitpunkt der Aussaat finden Sie auf der Rückseite jeder Samenpackung.

•

Sammeln Sie viele Samen und behalten Sie nur solche, die unbeschädigt und gesund aussehen. Behalten Sie möglichst verschieden große und kleine, dunkle und helle Samen.

Stockrose
(Alcea)

ERNTELOTTERIE *oben*
Für eine lockere Bepflanzung, bei der Sie keine besondere Farbe anstreben, lohnt es sich, die Samen von Bauerngartenblumen zu sammeln.

KOMMT IN DIE TÜTE *oben*
Halten Sie eine geöffnete Papiertüte unter den Samenstand und tippen Sie an den Stängel. Hier fallen reife Himmelsleitersamen (*Polemonium*) in die Tüte.

Die Hülle platzt auf und gibt den Samen frei.

LUFTIG
Die Samen von *Echinops* (*links*) sind leicht zu sammeln, sollten aber bis zum nächsten Frühjahr aufbewahrt werden. Die Samen von Zierlauch (*rechts*) lösen sich leicht, wenn man die reifen Samenstände schüttelt. Der abgeerntete Samenstand eignet sich für Trockengestecke.

Neue Pflanzen aus alten

EINE DER SCHÖNSTEN ERFAHRUNGEN des Gärtnerns ist für mich das Gefühl von Kontinuität – mit dem Nebeneffekt, dass man zahlreiche neue Pflanzen aus Teilen der alten heranziehen kann, was wirtschaftlich von Vorteil ist! Ich freue mich immer wieder, wenn ich sehe, dass ein Ableger angewachsen ist und sich auf seinen eigenen Wurzeln weiterentwickelt. Obwohl Gartencenter und Gärtnereien eine große Auswahl bieten, können sie nicht alle Pflanzen auf Lager haben, und oft ist eine Sorte, die Sie bei jemand Anderem im Garten bewundert haben, nicht aufzutreiben. Bitten Sie in diesem Fall den Gartenbesitzer um Ableger oder Brutzwiebeln – er wird sich geschmeichelt fühlen.

Wenn Sie für die Vermehrung nur Pflanzenteile ihrer gesündesten und stärksten Pflanzen aussuchen, können Sie mit guten Ergebnisse rechnen.

•

Erfahrene Gärtner halten sich nicht immer genau an die Regeln, doch Sie erzielen wirklich die besten Ergebnisse, wenn Sie die korrekte Pflanzzeit einhalten.

BRUTZWIEBELN

Die meisten Zwiebeln vermehren sich, indem sie um die Mutterzwiebel herum Nachkommen oder »Brutzwiebeln« entwickeln. Wird der Ballen zu dicht, sollte er ausgegraben und geteilt werden. Dies tun Sie am besten während der winterlichen Ruhephase, Schneeglöckchen ausgenommen. Diese teilen Sie nach der Blüte. Bei dieser Gelegenheit können Sie zahlreiche kleine Zwiebeln abtrennen, solche, die krank aussehen, wegwerfen und die anderen gesunden sofort in frisch vorbereitete Erde setzen. Am besten an einen weniger exponierten Standort, denn es kann ein bis zwei Jahre dauern, bis sie zum Blühen kommen, und bis dahin: Düngen Sie sie gut.

Stecken Sie eine Markierung zu Ihren frisch gesetzten Brutzwiebeln, damit sie sehen, was Sie wo gepflanzt haben.

•

Verwenden Sie keine Brutzwiebeln von Pflanzen mit krank wirkenden Blättern.

STECKLINGE

Sprossstecklinge sind junge, saftige Triebe – wie die Spitzen neuer Stängel, die unter dem sechsten Blatt von oben geschnitten werden, oder frühe Triebe, die aus dem Wurzelhals der Pflanze hervorgehen (Basalstecklinge). Halbreife Stecklinge werden meist im Hochsommer, wenn der Stängel zu verholzen beginnt, geschnitten. Ebenfalls unter dem sechsten Blatt von oben. Bei strauchartigen Pflanzen ziehen Sie einen Seitentrieb mit einem Stück Rinde ab.

ABRISS-STECKLINGE

1 Für Abrissstecklinge den gewünschten Trieb vorsichtig vom Hauptzweig abziehen. Er sollte sich mitsamt der Verdickung am Knoten der Basis lösen.

2 Immer gesunde, kräftige Triebe als Stecklinge wählen. Nachdem der Trieb von der Pflanze gelöst wurde, ist der überstehende schmale Rindenstreifen gut erkennbar.

3 Den Steckling gut festhalten und den Rand des Streifens mit einem scharfen Messer glätten. Den Steckling so bald wie möglich pflanzen – nicht in der Sonne liegen lassen.

WURZELN TEILEN

Manche Pflanzen – Iris und Bergenie z. B. – haben dicht unter der Bodenoberfläche dicke, fleischige Wurzeln, sog. Rhizome. Wenn die Pflanze sich ausbreitet, altert oft das Rhizom in der Mitte. Durch Teilung können Sie den Ballen verjüngen und neue Pflanzen gewinnen. Setzen Sie die Grabgabel etwas schräg entfernt vom Ballen an, graben Sie das Rhizom aus und schütteln Sie die Erde ab.

1 Rhizom teilen, alle krank aussehenden Teile wegwerfen. Um die Schnittflächen gegen Krankheiten zu schützen, mit Schwefel bestäuben.

2 Mit einem scharfen Messer oder einer Schere die Blätter zurückschneiden. So sitzt die neue Pflanze sicher im Boden und es verdunstet weniger Feuchtigkeit.

3 Die Abschnitte sehen gesund aus und haben genügend Wurzeln, um am Leben zu bleiben. Rhizome dicht unter der Bodenoberfläche pflanzen.

BALLEN TEILEN

Die meisten Stauden, die in Ballen wachsen – besonders solche, die ein weitverzweigtes Wurzelsystem haben –, sind leicht zu teilen und bringen mehrere kleine, aber kräftige Pflanzen hervor. Die Teilung sollte im Herbst oder im zeitigen Frühjahr vorgenommen werden. Wenn Sie die Pflanze ausgraben, befreien Sie auch gleich die Umgebung von Unkraut und arbeiten Sie etwas organische Substanz ein.

1 Nach dem Ausgraben den Ballen mit der Hand oder einem Werkzeug zerlegen. In große oder harte Ballen zwei Grabgabeln Rücken an Rücken einstechen.

2 Die Abschnitte erneut mit einem Messer teilen, die Schnittflächen glätten. Die gesündesten und kräftigsten Teile auswählen und möglichst schnell pflanzen.

Achten Sie darauf, dass jeder Teil viele dünne Faserwurzeln hat. Teilen Sie die Pflanzen an einem kühlen, schattigen Ort. Nach dem Pflanzen gut wässern und vor extremen Temperaturschwankungen schützen.

•

Bei schwerem Boden teilen Sie die Pflanzen im Frühjahr, bei leichtem Boden im Herbst.

STECKLINGE BEWURZELN

1 Die unteren Blätter entfernen, sodass etwa 5 cm Stängel frei bleiben. Das untere Ende in Bewurzelungspulver auf Hormonbasis tauchen und gut abklopfen.

2 Den Steckling in das Substrat setzen und den Boden gut festdrücken. Mit Leitungswasser angießen. Weiterhin gut wässern und bei Bedarf im Anzuchtkasten warm halten.

GUTER START FÜR STECKLINGE
Kleine Töpfe regen die Pflanze zu starker Wurzelbildung an.

Schneiden Sie Stecklinge früh am Tag, bevor die Pflanzen durch Hitze belastet werden.

•

Beachten Sie die Bedürfnisse Ihrer Stecklinge – manche mögen es feucht, andere brauchen einen warmen Anzuchtkasten. Auch das Substrat wirkt sich aus.

•

Gießen Sie Stecklinge mit Leitungswasser. Regenwasser enthält oft Schadorganismen.

Schönheitspflege

REGELMÄSSIGE INSPEKTIONSRUNDEN sind eine nützliche Gartenarbeit. Wenn Sie hier eine zu dichte Bepflanzung feststellen und dort Schneckenfraß, indem Sie hier eine verwelkte Blüte entfernen und dort das frische Unkraut, halten Sie den Garten in Form und verhindern, dass sich kleine Arbeiten anhäufen. Nehmen Sie sich Zeit, das Ergebnis Ihrer Arbeit zu bewundern, dann fällt sie Ihnen viel leichter!

GIESSEN

Für die meisten Blumen ist regelmäßige, ausreichende Wasserversorgung lebenswichtig. Der Wasserbedarf der Pflanze ist von ihrem Standort, der Jahreszeit und dem Wetter abhängig, doch gibt es einige Regeln, deren Einhaltung sich lohnt. Gießen Sie immer sanft und achten Sie darauf, keine Erde von der Pflanze wegzuschwemmen. So kann das Wasser langsam in die Erde eindringen. Um den Verlust besonders bei warmem Wetter zu verringern, wässern Sie am besten abends.

Beim Pflanzen sparen Sie Wasser, indem Sie die Pflanze in eine Vertiefung setzen oder einen Schlauch von der Oberfläche zum Ballen legen.

•

Geben Sie Hygromull in Kübel. Mengenangaben auf der Packung beachten.

•

Wenn sie bei sehr trockenem Boden angießen und kurze Zeit später gründlich wässern, läuft das Wasser nicht ab.

MULCHEN

Eine Lage Mulch auf der Bodenoberfläche verringert den Feuchtigkeitsverlust durch Verdunstung und hält Unkraut fern. Ich verwende natürliche Materialien, die das Wasser zu den Wurzeln durchlassen, z. B. Rindenkompost, Rindenmulch oder Kies. Vor dem Mulchen sollten Sie gründlich Unkraut jäten und gießen. Mulchen Sie das ganze Beet oder zumindest den Wurzelbereich der einzelnen Pflanzen, wobei ein kleiner Bereich um den Wurzelhals frei bleibt.

Kies ist ein wirksamer Mulch, der direkt auf die Erde aufgebracht oder zum »Tarnen« einer Plastikfolie verwendet werden kann. Er braucht kaum Pflege.

DÜNGEN

Obwohl die meisten Gartenböden eine große Anzahl von Pflanzennährstoffen enthalten, ist es sinnvoll, etwas Dünger zuzusetzen. Es gibt ihn in den verschiedensten Arten: organischen und mineralischen, in flüssiger, Pulver- oder Granulatform, als Pellets oder Stäbchen. Einige Dünger enthalten viele verschiedene Nährstoffe und werden als »Volldünger« bezeichnet, andere sind auf wenige Stoffe konzentriert und werden für bestimmte Zwecke eingesetzt.

Tragen Sie beim Düngen mit Pulver Handschuhe, und streuen Sie nichts auf die Pflanze.

•

Achten Sie immer auf das N:P:K (Stickstoff:Phosphor: Kali)-Verhältnis und andere Informationen auf der Packung, z. B. wofür sich der Dünger am besten eignet.

•

Wenn Sie zur falschen Zeit düngen, zu viel oder zu wenig Dünger geben, ist der Erfolg fraglich.

AUSPUTZEN

Das Entfernen von verwelkten Blüten hat großen Einfluss auf die Leistung der Pflanze. Wenn die eingetrockneten, braunen Blüten nicht schnell entfernt werden, entwickelt die Pflanze bald einen Samenstand. Das bedeutet, dass die Zahl der entwickelten Blüten und die Dauer der Blühperiode zurückgehen. Außerdem besteht die Gefahr, dass Pilze wie Grauschimmel die abgestorbene Blüte und möglicherweise die ganze Pflanze befallen. Für eine lange Blühperiode sollten Sie verwelkte Blüten regelmäßig entfernen.

KURZSTIELIGE BLUMEN Pflanzen, die schnell hintereinander viele Blüten hervorbringen wie diese Petunien, müssen sehr oft ausgeputzt werden. Die einzelnen Blütenstängel können Sie einfach abkneifen.

STÜTZEN

Stützen helfen Pflanzen, die sich sonst zur Seite neigen würden, sich aufrecht zu halten, und sorgen dafür, dass Blütenstängel gerade und unverletzt bleiben. Bringen Sie Stäbe und andere Stützen so früh wie möglich an, sodass die Pflanzen an ihnen hochwachsen können.

FERTIGE STÜTZEN
Stützen aus plastiküberzogenem oder verzinktem Draht stecken Sie aus einzelnen Teilen in der Größe und Form zusammen, die Sie brauchen. Sie sind ideal für überhängende Blätter, unter denen sie bald verschwinden.

BAMBUSSTÄBE
Hohe, schwere Stängel – z. B. Rittersporn – brauchen oft Stützen. Stecken Sie ein Bambusrohr neben den Wurzelhals und binden Sie den Stängel in Abständen daran fest. Decken Sie das obere Ende des Rohrs ab.

ZWEIGE
Aus Zweigen, die Sie rund um den Wurzelhals in die Erde stecken, können Sie leicht ein elegantes Stützwerk bauen. Diese Methode wirkt besonders gut bei empfindlichen Pflanzen oder in Kübeln.

BAMBUS UND BINDFADEN
Schnellwachsende Pflanzen an windigen Standorten brauchen stärkere Stützen. Stecken Sie um den Haupttrieb der Pflanze mehrere Bambusrohre in den Boden und fixieren Sie sie mit Bindfaden.

LANGSTIELIGE BLÜTEN
Bei Pflanzen mit langen Blütenstängeln wie dieser Rudbeckie schneiden Sie am besten den ganzen Stängel mit der verwelkten Blüte bis zu seinem Ausgangspunkt am Hauptstängel ab.

HOHE BLÜTENSTÄNDE
Schneiden Sie von den Stängeln, die Blätter tragen, die verwelkten Blüten mit einer Garten- oder sonstigen scharfen Schere ab. Achten Sie auf mögliche Knospen weiter unten am Stängel.

WAAGERECHTER SCHNITT
Bei einigen Pflanzen, z. B. Lavendel, können Sie alle verwelkten Blüten entfernen, indem Sie sie mit der Heckenschere stutzen. So fördern Sie einen dichten, buschigen Wuchs.

Entfernen Sie verwelkte Blüten regelmäßig, zum Wohl der Pflanzen und Ihrem eigenen – längere Aktionen dieser Art sind meist sehr langweilig.

•

Um Samen zu erhalten, lassen Sie einige Samenstände reifen. Es bleiben immer noch genügend Blüten übrig.

•

Starke Regenfälle im Sommer beschädigen die Blütenblätter. Nach einem kräftigen Guss sollten Sie gründlich ausputzen.

Erfolgsgeheimnisse

AUCH WENN SIE IHRE PFLANZEN noch so sorgfältig auswählen und sie pflegen, werden Sie irgendwann Probleme mit Schädlingen, Krankheiten oder extremen Witterungsbedingungen bekommen. Das kann zwar lästig sein, ist aber selten wirklich schwerwiegend. Die Pflanzen können meist ohne viel Aufwand wieder kuriert werden. Wenn es keine Möglichkeit gibt, die Pflanze zu erhalten, verzweifeln Sie nicht – kluge Gärtner sehen eine abgestorbene Pflanze nicht als Fehlschlag, sondern als wunderbare Gelegenheit für eine Neupflanzung!

Notieren Sie Ihre saisonbedingten Arbeiten, um sie im nächsten Jahr rechtzeitig erledigen zu können. Wenn z. B. noch spät Frost auftritt, notieren Sie das im Gartenkalender, damit Sie den Frostschutz nicht zu früh entfernen.

IHRE FREUNDE IM GARTEN

Nicht alle Vögel, Kriechtiere und Insekten, die ihren Garten besuchen, sind Schädlinge. Viele sind sogar sehr nützlich, und wenn Sie ihnen einige Lebensnotwendigkeiten bieten, revanchieren sie sich mit kostenloser biologischer Schädlingsbekämpfung. Alle Wasserstellen ziehen Nützlinge an, viele von ihnen brauchen das Wasser zum Trinken oder zur Fortpflanzung. Verschiedene Pflanzen im Garten zeigen sich auch sehr hilfreich, insbesondere diejenigen, deren verlockender Nektar für Insekten leicht zu erreichen ist (siehe Blumen für Insekten, S. 138–139). Seien Sie nicht zu ordentlich, wenn Sie am Ende der Gartensaison Pflanzenabfälle wegräumen, denn damit vertreiben Sie Freunde, die das Material zum Überwintern brauchen. Lassen Sie ihnen ein paar Verstecke im Garten übrig.

Marienkäfer frisst Blattläuse

Verwenden Sie Pestizide nur, wenn es nicht anders geht. Wählen Sie unter den Spezialprodukten nur solche, die umweltverträglich sind.

•

Viele Insekten sind harmlos und nützlich. Nur wenige sind Schädlinge. Schauen Sie genau hin, bevor Sie Maßnahmen gegen sie ergreifen.

KRANKHEITEN UND SCHÄDLINGE KONTROLLIEREN

Oft genügt es, mit offenen Augen durch den Garten zu gehen, um viele Krankheiten und Schädlinge in Schach zu halten, und wenn Sie die Übeltäter oder betroffene Blätter gleich einsammeln, können Sie mit diesen einfachen Maßnahmen viele Probleme schnell erledigen. Wenn Sie keine Chemikalien verwenden wollen, müssen Sie sich möglicherweise von schwer befallenen Pflanzen trennen. Mit etwas Erfahrung kennen Sie die besonders gefährdeten Pflanzen und überlegen sich Alternativen.

ECHTER MEHLTAU
Diese gräulich-weiße Pilzschicht tritt oft in Trockenperioden auf. Entfernen Sie die befallenen Pflanzenteile. Gießen Sie die Wurzeln der Pflanze. Die Blätter dürfen nicht nass werden. Verwenden Sie ein Fungizid.

GRAUSCHIMMEL (BOTRYTIS)
Entfernen Sie abgestorbene oder verletzte Teile, bevor sie von diesem haarigen grauen Pilz befallen werden. Zu dichter Stand begünstigt den Befall. Lichten Sie bei Bedarf aus. Spritzen Sie ein Fungizid.

BLATTLÄUSE
Viele Blattlausarten ernähren sich von Pflanzensaft. Sie hemmen das Wachstum und verursachen Verkümmerung. Außerdem übertragen sie Viren. Spritzen Sie ein Insektizid.

EXTREME TEMPERATUREN

Pflanzen müssen vor extremer Witterung geschützt werden, vor allem die frisch gesetzten, die noch nicht richtig angewachsen sind. In frostgefährdeten Gebieten können kälteempfindliche Pflanzen mit dem geeigneten Schutz überwintern. Dieser Kälteschutz muss weder teuer noch zeitaufwändig sein. Die Ergebnisse sind den Einsatz meist wert.

Kaufen Sie Sommerblumen nicht zu früh, auch wenn sie im Laden verlockend aussehen.

•

Pflanzen, die als Sommerblumen verkauft werden, können nicht überwintern. Sollte doch ein Exemplar überleben, sollten Sie es durch eine neue Pflanze ersetzen.

SOMMERSCHUTZ
Manche Pflanzen, wie z. B. Clematis, bevorzugen zwar sonnige Wände oder Zäune, an denen sie hochranken können, doch ihre Wurzeln müssen kühl bleiben, wenn sie gut wachsen sollen. Legen Sie alte Dachziegel, Schieferplatten oder Kies um die Basis – diese Materialien können Sie auch dekorativ anordnen –, so bleibt die Erde schattig und hält die Feuchtigkeit besser.

WINTERSCHUTZ
Pflanzen in Kübeln sind besonders anfällig für Frostschäden, weil sie über der Bodenoberfläche wachsen. Auch die Bodenfeuchtigkeit liegt für sie außer Reichweite. Wickeln Sie den ganzen Behälter gut in Säcke ein, um die Pflanze gegen Kälte zu schützen. Alte Gardinen, Luftpolsterfolie oder ähnliche Materialien sind dabei genauso effektiv, wenn auch nicht ganz so dekorativ.

MULCH GEGEN KÄLTE
Nicht ganz winterharte Stauden können oft mit einer dicken Lage Mulch einiges überstehen. Das heißt, dass Sie die Pflanzen nicht jeden Herbst ausgraben müssen, und ist besonders nützlich bei jungen oder frisch gesetzten Pflanzen, die oft empfindlicher sind. Wählen Sie ein trockenes, lockeres Material wie Rindenmulch, da Feuchtigkeit im Winter oft genauso gefährlich ist wie Kälte.

RAUPEN
Die meisten Raupen fressen nach Einbruch der Dämmerung große Löcher in Blätter. Gehen Sie um diese Zeit auf die Jagd. Lesen Sie die Raupen ab, verwenden Sie ein Insektizid oder nutzen Sie biologische Schädlingsbekämpfung.

OHRWÜRMER
Diese Schädlinge verstecken sich tagsüber zwischen den Pflanzen, abends fressen sie Löcher in Knospen, Blütenblätter und junge Blätter. Stellen Sie Ohrwurmfallen auf oder spritzen Sie ein geeignetes Insektizid.

SCHNECKEN
Sie richten großen Schaden, besonders an jungen Trieben, an. Zum Fressen kommen sie an feuchten Abenden heraus. Bauen Sie Schneckensperren oder bekämpfen Sie sie biologisch (nur Nacktschnecken).

Markennamen und Zusammensetzung von Gartenchemikalien ändern sich oft, aber in einem guten Gartencenter wird man Ihnen ein geeignetes Präparat für Ihr Problem empfehlen. Fragen Sie auch nach biologischer Schädlingsbekämpfung: Winzige Organismen, die abgepackt verkauft werden, nehmen den Kampf mit den Schädlingen in Ihrem Garten auf. Ein teurer, aber umweltfreundlicher Weg der Schädlingsbekämpfung.

TEIL ZWEI

LIEBLINGSBLUMEN

Kerzen & Ähren

Wie langweilig gleichförmig würde ein Blumengarten ohne hochwachsende Stauden aussehen! Ob dichte Ziersalbeireihen oder Fingerhüte von geheimnisvoller Schönheit – diese Pflanzen sind anmutig und effektvoll zugleich. Von erhabener Statur und einer faszinierenden Ausstrahlung voller Poesie sehen viele in einer locker rustikalen Umgebung ebenso gut aus wie in einer strengen Rabatte. Bei den meisten öffnen sich die Blüten nach und nach über einen längeren Zeitraum hinweg. Wegen ihrer langen Blühphase, ihrer beeindruckenden, oft bleistiftdünnen Silhouette, ihrer unglaublichen Größen- und Farbenvielfalt, sind hochwachsende Stauden für jeden Garten, egal wie groß oder klein, unverzichtbar. Viele eignen sich ideal für die Mitte oder sogar die hintere Reihe einer Rabatte, aber auch alleinstehende Gruppen hoher, schlanker Ähren setzen häufig fantasivolle Akzente.

> *»Wer kann sich diesen eleganten und doch kräftigen Kerzen entziehen, die unwillkürlich alle Blicke auf sich ziehen?«*
>
> Rittersporn, Seiten 32–33

Links Fingerhüte (S. 42–43), kühl und elegant in waldiger Umgebung.

Rittersporn *DELPHINIUM*

WER KANN SICH DIESEN eleganten und doch kräftigen Kerzen entziehen, die unwillkürlich alle Blicke auf sich ziehen? Trotz seiner auffallenden und beeindruckenden Form ist Rittersporn überraschend vielseitig: Er passt ebenso gut in einen Bauerngarten wie in eine klassische Staudenrabatte. Selbst wenn er nicht blüht, bilden die üppigen, tief eingeschnittenen Blätter attraktive Hügel – wenn Sie die Schnecken fern halten!

◄ BLÜTENSTAND
25 cm lang

CRÈME DE LA CRÈME *oben*
'Sungleam' hat cremeweiße Blüten mit gelber Mitte, die gut mit anderen Farben harmonieren.

EDEL IN WEISS *links*
Die Blüten von 'Clear Spring' sitzen dicht an dicht auf dem Stängel und bilden im Sommer eindrucksvolle reinweiße Türme.

ROSA ELEGANZ
Die halb gefüllten, zartrosa Blüten der 'Rosemary Brock' mit braunem Mittelpunkt sehen in Kombination mit dem fliederfarbenen Rittersporn schön aus.

NOBEL
Die eleganten Blüten der ausdauernden 'Atlantis' aus der Belladonna-Gruppe sind purpurn, ihre feinen Blätter passen zu ihrer noblen Statur.

DIE KRÖNUNG
Hoch aufragende Türme aus Rittersporn sind der ideale Hintergrund für eine Blumenrabatte. Die beste Wirkung erzielen Sie mit Gruppen. Setzen Sie mittelhohe und kleine Sorten weiter nach vorn, wo sie Fülle geben, ohne andere Pflanzen zu verdecken.

Wenn möglich sollten Sie Rittersporn nicht in der Hauptwindrichtung pflanzen. Stützen Sie die Blütenstände zeitig mit Bambusrohren. Achten Sie darauf, dass Sie die Pflanzenbasis nicht verletzen. Erbsenreiser sind ideal für Zwergsorten.

RITTERSPORN IM GARTEN

PFLANZENPROFIL

Winterhart, ausdauernd. Die Pazifik-Hybriden – 'Black Knight', 'King Arthur' u.a. – sind jedoch recht kurzlebig.

- GRÖSSE 90–180 cm.
- BLÜTENFARBEN Rot, blau, violett, flieder, rosa, weiß.
- BLÜTE Anfang bis Mitte des Sommers.
- STANDORT Windgeschützt in gut dräniertem, nährstoffreichem Boden, volle Sonne.

Aussaat Die Samen können im Frühjahr direkt ins Freie gesät werden. Die Samen halten nicht lange und sollten möglichst bald nach der Ernte bzw. nach Öffnen der Packung gesät werden. Bewahren Sie die Samen, bis Sie säen können, über Winter bei 2–5 °C auf.

Teilung Teilen Sie ältere Pflanzen oder schneiden Sie Basalstecklinge, beides im Frühling.

Pflege Schneiden Sie die Pflanze bis auf die gesunden Blätter zurück, sobald der Blütenstand abgeblüht ist. So sieht die Pflanze nicht nur ansehnlicher aus, sie kann daraufhin auch ein zweites Mal blühen.

Schnittblumen Rittersporn ist eine hervorragende Schnittblume. Schneiden Sie sie, wenn sich die ersten Knospen öffnen.

Meine Lieblingssorten 'Blue Fountains', 'Blue Nile', 'Bruce', 'Butterball', *Delphinium cardinale*, 'Centurion Sky Blue', 'Chelsea Star', 'Dwarf Snow White', 'Blue Butterfly', 'Strawberry Fair', die Pazifik-Hybriden 'Astolat', 'Black Knight', 'Cameliard', und 'King Arthur'.

KLASSISCH BLAU *rechts*
Als echt klassischer Rittersporn ist diese fantastische 'Clear Spring' kaum zu überbieten. Ihre lila-blauen Blüten haben ein weißes Zentrum und sitzen dicht an robusten Stängeln.

◄ BLÜTENSTAND 40 cm lang

Bartfaden *PENSTEMON*

BARTFADEN IST SEIN GELD WERT: Jahrein, jahraus bringt er lange, anmutige Blütenstängel hervor. Er ist pflegeleicht, braucht weder Schnitt noch Stütze und blüht den ganzen Sommer über bis in den Herbst hinein – bei spät einsetzendem Frost sogar noch länger. So bringt er Farbe in den Garten, wenn andere Pflanzen ihre beste Zeit schon hinter sich haben. Er braucht leichten Boden, viel Sonne, regelmäßig Feuchtigkeit während des Wachstums und Kälteschutz in den Wintermonaten (viele Sorten sind nicht ganz winterhart).

◄ BLÜTENSTAND 20 cm lang

GRAZIÖS *oben*
Die violett-roten Blüten der 'Countess of Dalkeith' mit dem weißen Trichter sind sehr graziös und elegant.

IM ÜBERFLUSS
Sie ist zwar kleiner als andere Sorten, aber die rosa-violetten Blüten der 'Catherine de la Mare' entwickeln sich sehr zahlreich.

SIGNALROT
Die leuchtend roten Blüten der 'Garnet' strahlen wie ein Granat, nach dem sie benannt sind, aus jeder Rabatte heraus.

SOLIST
Durch die kirschroten Blüten mit dem abgesetzten weißen Trichter ist 'Maurice Gibbs' auch als Einzelpflanze beeindruckend.

FARBENPRACHT *rechts*
Zwischen anderen Spätsommer- und Frühherbstblumen bildet 'Garnet' eine ungehemmt leuchtend rote Spur. Wie bei jedem Bartfaden verlängert regelmäßiges Entfernen der alten Blüten die Blühperiode.

Bei begrenztem Platz können Sie niedrig wachsenden Bartfaden pflanzen, der gut in Kübeln und Steingärten gedeiht.

•

Meist behält der Bartfaden seine Blätter den Winter über. Machen Sie sich aber keine Sorgen, wenn die Blätter gelegentlich absterben. Entfernen Sie sie und warten Sie auf den neuen Ansatz im Frühjahr.

BARTFADEN IM GARTEN

PFLANZENPROFIL

Die Sorten sind nicht alle winterhart, sie sollten wie etwas empfindliche Stauden behandelt werden.

- GRÖSSE meist 60–90 cm.
- BLÜTENFARBEN Rot, violett, flieder, rosa, weiß, creme.
- BLÜTE Mitte Sommer bis Mitte Herbst.
- STANDORT Gut dränierter Boden, viel Sonne.

Stecklinge Kultursorten können Sie nicht aus Samen ziehen. Schneiden Sie im Spätsommer Stecklinge oder kaufen Sie neue Pflanzen, die Sie frostfrei überwintern. Im späten Frühjahr pflanzen.

Boden Gut durchlässiger Boden ist wichtig. Arbeiten Sie bei schwerem Boden reichlich Grobsand und Kompost ein, um die Entwässerung zu verbessern. Durch Mulchen bleiben im Sommer die Wurzeln feucht.

Pflege Geben Sie jeder Pflanze für den Winter eine dicke Schicht Rindenmulch, den Sie mit Kükendraht abdecken. Bringen Sie die Pflanzen – in sehr kalten Regionen oder wenn ein harter Winter bevorsteht – in ein frostfreies Frühbeet oder Gewächshaus. Schneiden Sie Stecklinge, falls die Pflanze die Minusgrade nicht überlebt.

Meine Lieblingssorten 'Alice Hindley', 'Apple Blossom'; *Penstemon barbatus* 'Burgundy', 'Catherine de la Mare', 'Chester Scarlet', 'Countess of Dalkeith', *P. digitalis* 'Albus', 'Firebird', 'Garnet', 'Maurice Gibbs', 'Osprey', 'Port Wine', 'Rubicundus', 'Sour Grapes', 'Stapleford Gem'.

FEINE SCHATTIERUNGEN *rechts* Die klassischen, eleganten Blüten von 'Stapleford Gem' sitzen dicht am Stängel und zeigen feine Schattierungen von Rosa bis Violett. Wie bei jedem Bartfaden müssen die Wurzeln feucht gehalten werden, damit sich viele Blütenstände entwickeln und die Pflanze lange blüht.

Lupine *LUPINUS*

LUPINEN SIND KLASSISCHE Bauerngartenblumen, passen aber meiner Meinung nach genauso gut in eine strenge Rabatte wie in einen Hinterhof oder eine lockere Bepflanzung. Aus üppigen hellgrünen, sternförmigen Blättern ragen fast den ganzen Sommer über dicht besetzte Blütenstände in allen Farben hervor. Diese winterharten Stauden sind sehr anpassungsfähig, fühlen sich aber in leicht saurem Boden am wohlsten. Lupinen ziehen an warmen, sonnigen Tagen Bienen an.

FARBPALETTE *oben*
Die Russell-Hybriden gibt es in zahlreichen Farben. Sie bilden zuverlässig den ganzen Sommer über fröhliche Gruppen dicht besetzter Blütenstände.

FARBECHT
Mit einfarbigen Lupinen wie dieser 'Chandelier' in Gruppen können Sie in einer gut geplanten Rabatte starke Farbakzente setzen.

GLUTROT
Erlauben Sie sich Lupinen in kräftigeren Farben, wie sie jetzt erhältlich sind. Hier bringt einer meiner Lieblinge, 'The Page', feurige Rottöne in den Garten.

◄ BLÜTENSTAND
25 cm lang

KLEIN, ABER OHO *links*
In kleineren Gärten oder am vorderen Rand einer Rabatte sind kleinere Sorten wie diese üppige, kräftig getönte Zwerg-Minarette sehr nützlich.

FASZINIEREND
Lupinen faszinieren mit zweifarbigen Blüten wie diesen in Rosa und Gelb.

◄ BLÜTENSTAND
25 cm lang

VOLLENDETE HARMONIE *oben*
Lupinen stehen nicht gerade für Eleganz, aber auch die grellsten Farben können in Mischbeeten passend wirken. Hier fügen sich die rosaroten und weißen Blüten der 'Chatelaine' harmonisch zu Iris, Zier- und Schnittlauch.

LUPINEN IM GARTEN

PFLANZENPROFIL

Winterharte und nicht frostharte Einjährige und Stauden.

- GRÖSSE Meist 75–105 cm.
- BLÜTENFARBEN Rot, orange, gelb, blau, violett, flieder, rosa, weiß, creme, viele zweifarbige Sorten.
- BLÜTE Frühsommer bis Frühherbst.
- STANDORT Gut dränierter, neutraler Boden, Sonne oder Halbschatten.

Aussaat Einjährige Lupinen im Frühjahr aussäen. Aus Samen gezogene ausdauernde Stauden sollten das erste Jahr unter Glas bleiben.

Boden Arbeiten Sie bei schwerem Boden vor dem Pflanzen reichlich Grobsand ein, oder pflanzen Sie an einen steileren Platz, wo das Wasser besser abfließen kann.

Mein Tipp Entfernen Sie im ersten Jahr den Blütenstand. So bekommt die Pflanze viel mehr Kraft.

Meine Lieblingssorten 'Chandelier', 'Dwarf Lulu', Minarette-Gruppe, Gallery-Serie, 'Kayleigh Ann Savage', 'My Castle', 'Noble Maiden', 'Pope John Paul', Russell-Hybriden, 'The Chatelaine', 'The Governor'.

Wenn Sie selbst Samen ernten wollen, schneiden Sie alle verwelkten Blüten außer den untersten Ringen ab. Lassen Sie die ganze Blüte ausreifen, fallen die Samen viel kleiner aus.

•

Kultursorten entwickeln sich nicht sortenecht aus Samen. Wenn Sie also selbst Samen ernten, sollten Sie auf Überraschungen gefasst sein.

Fackellilie *KNIPHOFIA*

ICH FINDE FACKELLILIEN eher interessant als schön, aber es besteht kein Zweifel, dass ihre flammend rot leuchtenden Blütenstände in sommerlichen Rabatten die Blicke einfangen. Diese Stauden sind an geschützten Standorten in der Sonne oder im Schatten leicht zu ziehen, und es gibt eine große Auswahl an Sorten in verschiedenen Rot-, Orange-, Gelb-, Creme- und Bronzetönen.

MILCHIG ZART
'Little Maid' mit ihren kühlen, milchig-gelben Blüten auf zartem Stängel ist alles andere als eine glühende Fackel.

MORGENROT
'Bees' Sunset' erinnert mit ihren von Orange in Gelb übergehenden Blüten an einen Tequila Sunrise.

WEISSE GLUT
Die Sorte heißt zwar 'Strawberries and Cream', aber für mich sieht diese Fackellilie aus als sei sie am unteren Ende in Weißglut.

FACKELLILIEN IM GARTEN

PFLANZENPROFIL

Winterharte Stauden. In kalten Wintern brauchen sie einen geschützten Standort.

- GRÖSSE 60–150 cm.
- BLÜTENFARBEN Rot, orange, gelb, creme, bronze.
- BLÜTE Die meisten Sorten blühen im Hochsommer.
- STANDORT Durchlässiger Boden ist wichtig. Sie mögen volle Sonne, gedeihen aber auch im Halbschatten.

Boden Fackellilien brauchen gut dränierten Boden. Lassen Sie diese pflegeleichten Pflanzen im Winter nicht unter Feuchtigkeit leiden, sonst faulen sie und sterben ab.

Mein Tipp Achten Sie beim Kauf auf die Blühperiode und wählen Sie die Sorten so, dass Sie von Anfang des Sommers bis zum Ende immer blühende Fackellilien haben.

Aussaat Säen Sie Arten und gemischte Sorten im Herbst oder Frühjahr aus. Ziehen Sie die Keimlinge vor und pflanzen Sie sie ein Jahr später an ihren endgültigen Standort. Aus Samen gezogene Pflanzen sollten unter Glas bleiben, bis sie mindestens ein Jahr alt sind. Die auffälligeren Fackellilien sind Kultursorten, die sich nicht sortenecht aus Samen entwickeln.

Pflege Geben Sie bei schwerem Boden Grobsand in das Pflanzloch und die Umgebung der Pflanze. So hat die Pflanze im Winter weniger unter Feuchtigkeit zu leiden.

Teilung Teilen Sie ältere Pflanzen vorsichtig im Frühjahr oder Herbst. Im Gegensatz zu anderen Rhizompflanzen neigen Fackellilien nicht dazu, sich weit auszubreiten. Sie bleiben oft in klar begrenzten Gruppen.

Schutz Rindenmulch oder anderes wasserleitendes Material empfiehlt sich, damit neue Pflanzen die ersten Winter gut überstehen. Feuchtigkeit ist im Winter gefährlicher als niedrige Temperaturen. In besonders kalten Gebieten hilft eine Mulchdecke, den Wurzelhals im Winter zu schützen.

Meine Lieblingssorten 'Alcazar', 'Bees Sunset', *Kniphofia caulescens*, 'Cobra', 'Ice Queen', 'Little Maid', 'Samuel's Sensation'.

VERLÖSCHENDES FEUER
Gegen Ende des Sommers verlöschen die Fackellilien langsam. Welkende Blüten sind meist kein schöner Anblick, aber das blasse Braun der *Kniphofia linearifolia* passt gut zu den noch immer lebhaften Rot- und Orangetönen.

LEUCHTFEUER
Die warmen Rosa- und Violett-Töne dieser Rabatte aus Clematis, Tamariske, Eisenkraut und Salbei werden durch die Fackellilien dramatisch betont.

Wenn Ihre Fackellilien trotz aller Mühe nicht gut gedeihen, schwach blühen oder sogar eingehen, ist es möglich, dass der Boden im Winter zu nass für sie ist. Setzen Sie sie auf kleine Hügel, damit überschüssiges Wasser leicht abfließen kann. Sie können auch Grobsand in den Boden bringen, um die Dränierung zu verbessern. In Trockenperioden im nächsten Sommer gut wässern.

BLÜTENSTAND ►
22 cm lang

FLAMMENDES INFERNO
Eine der klassischen Fackellilien ist ‘Alcazar’. Ihre länglichen, fingerartigen Blüten verbreiten an jedem Standort Glut und Wärme.

Leuchtend gelbe Staubgefäße hängen elegant aus offenen Blüten.

Königskerze *VERBASCUM*

DIESE BLÜTENBEDECKTEN SÄULEN sind ideal für den Hintergrund einer Rabatte oder für Einzelbeete. Königskerzen sehen bezaubernd aus, wenn sie selbst aussamen und sich unter einem Baum oder in einem Naturgarten ansiedeln. Außer den Blütenständen, die Bienen anlocken, haben viele Sorten silbrig-pelzige Blattrosetten. Solange diese Stauden reichlich Sonne bekommen und, wenn möglich, einen mageren, gut dränierten alkalischen Boden (sie reagieren sehr empfindlich auf Überdüngung), werden sie sich den ganzen Sommer über – oft bis in den Herbst hinein – mit kräftigen Blüten revanchieren.

GIGANTISCH
Eine der höchsten und beeindruckendsten Königskerzen, *Verbascum olympicum*, verzweigt sich oft am unteren Ende des Blütenstands zu einem dicken Federbusch.

PRÄCHTIG
Verbascum chaixii 'Album' hat hohe Blütenstände voller weißer Blüten mit malvenfarbenen Zentren, die gut geeignet sind, farbenfrohe Rabatten aufzuhellen. Die Blätter sind halb immergrün.

BILDSCHÖN
Die elegant gefärbten Blüten der *Verbascum chaixii* 'Gainsborough' erinnern mich an Primeln im Frühling. Ihre Blütenpracht über der halb immergrünen Blattrosette hält lange vor.

PRIMADONNA
Den Sommer über schwingt *Verbascum chaixii* 'Cotswold Queen' das Zepter aus einzelnen Stängeln leuchtend gelber Blüten mit violettem Zentrum.

KÖNIGSKERZEN IM GARTEN

PFLANZENPROFIL

Ein-, zwei- und mehrjährig. Manche weniger winterharte Sorten brauchen Schutz.

- GRÖSSE 30–150 cm, meist 90–120 cm.
- BLÜTENFARBEN Gelb, violett, flieder, rosa, weiß, braun.
- BLÜTE Den ganzen Sommer über bis in den Herbst.
- STANDORT Am besten ein sehr magerer, gut dränierter Boden, volle Sonne.

Vermehrung Manche Königskerzen können aus Samen gezogen werden, aber am besten vermehren Sie Kultursorten durch Wurzelstecklinge, die Sie im zeitigen Frühjahr ca. 7,5 cm lang schneiden. Bewurzeln Sie sie in einem Gemisch aus einem Teil Torf und einem Teil Sand im Frühbeet. Wenn die Pflänzchen bis zu vier Blätter haben, eintopfen und im Herbst ins Beet setzen. Teilen Sie ältere Stauden im Frühjahr.

Schutz Die weniger winterharten Sorten 'Golden Wings' und 'Letitia' und die Art *Verbascum dumulosum* brauchen einen geschützten Standort und gut dränierten Boden. Decken Sie die Pflanzen im Winter vorsichtshalber ab, wenn Sie nicht sicher sind, welche Bedingungen zutreffen.

Meine Lieblingssorten *Verbascum chaixii* 'Album', *V.c.* 'Cotswold Beauty', *V.c.* 'Gainsborough', *V.c.* 'Pink Domino', *V. dumulosum* (nur an geschützten Orten winterhart).

Häufig samen Königskerzen selbst aus. Sie entwickeln sich nicht sortenecht, sind aber einfach schön.

MODEERSCHEINUNG *rechts*
'Helen Johnson' ist eine der wenigen Modesorten, die mir gefallen. Die rosabraunen Blüten sind allerdings gewöhnungsbedürftig.

GRAUE EMINENZ *oben*
Die riesigen, wolligen, grauen Blättertürme der *Verbascum bombyficerum*, *V. chaixii* und *V. olympicum* sind ein auffälliger Blickfang im Garten, lange bevor die erste Blüte sich öffnet.

Dichter grauer Flaum bedeckt die Oberflächen

BLÜTENSTAND ►
25 cm lang

Fingerhut *DIGITALIS*

WAS KANN IDYLLISCHER SEIN als blass schimmernde, kühl-elegante Fingerhüte im einfallenden Sonnenlicht – warum sich also mit flachen Bodendeckern unter Bäumen und großen Sträuchern zufrieden geben? Die meisten Fingerhüte bringen ihre schönsten Blüten im zweiten Jahr hervor, danach sollten sie ersetzt werden. Fingerhüte samen jedoch eifrig selbst aus, und wenn Ihnen die zufällig entstandenen Farbmischungen gefallen, haben Sie ohne viel Aufwand immer bunte Blüten im Garten.

◄ BLÜTENSTAND
60–75 cm

BEZAUBERND SCHÖN
Die warmen Töne der 'Sutton's Apricot' sind unwiderstehlich. Die Farbe verblasst, je weiter sich die Blüten öffnen.

UNAUFDRINGLICH
Die unaufdringlichen pantoffelförmigen Blüten der *Digitalis grandiflora* passen gut in einen Naturgarten.

Um die Samen weißer Fingerhüte zu ernten, setzen Sie die Mutterpflanzen möglichst weit entfernt von farbigen Pflanzen. So haben Sie gute Aussichten auf weiß blühende Keimlinge, oder Sie kaufen jedes Jahr neue Samen.

•

Alle Teile des Fingerhuts wirken toxisch, wenn sie geschluckt werden. Die Berührung der Blätter kann zu Hautreizungen führen. Halten Sie im Garten spielende Kinder von ihm fern.

BLICKFANG *oben*
Die Foxy-Hybriden der *Digitalis purpurea* sind winterhart. Sie können im zeitigen Frühjahr ins Freie gesät werden und blühen im Hochsommer.

WALDIDYLL *rechts*
Obwohl sie auch in eine sonnige Rabatte passen, sehen Fingerhüte unter den ausladenden Ästen eines Baumes wunderschön aus.

Fingerhüte im Garten

Pflanzenprofil

Winterharte zweijährige und mehrjährige Pflanzen.

- GRÖSSE 45–150 cm.
- BLÜTENFARBEN Gelb, violett, flieder, rosa, weiß, creme, braun.
- BLÜTE Frühsommer bis Frühherbst.
- STANDORT Jeder Boden, nach Möglichkeit weder zu nass noch zu trocken. Volle Sonne oder lichter Schatten.

Aussaat Säen Sie im späten Frühling oder im Frühsommer für Blüten im nächsten Jahr direkt ins Freiland.

Ausbreitung Wenn die Keimlinge unter einer Pflanze etwa 10 cm groß sind, können sie umgepflanzt werden, nehmen Sie sie hierfür mit einer kräftigen Schaufel voll Erde auf. Halten Sie die umgesetzte Pflanze sehr gut feucht. Da Fingerhüte sich leicht gegenseitig bestäuben, sehen die neuen Pflänzchen selten so aus wie die Mutterpflanzen.

Standort An einem schattigen Platz werden Fingerhüte viel größer als in der Sonne. Das sollten Sie bei der Planung beachten.

Stützen Wenn die Pflanzen weder überdüngt werden noch ungeschützt stehen, brauchen sie keine Stützen.

Pflege Wenn Sie abgeblühte Blütenstände gleich entfernen, kommt es vielleicht nach einigen Monaten zu einer zweiten Blüte.

Meine Lieblingssorten *Digitalis ferruginea, D. grandiflora, D. laevigata* subsp. *graeca, D. lanata, D. lutea, D.* × *mertonensis, D. purpurea, D.p.*fo. *albiflora, D.p.* 'Sutton's Apricot' (auch 'Apricot Beauty'), *D.p.* Excelsior-Gruppe, *D.p.* Foxy-Gruppe, *D. viridiflora.*

GROSSE KLASSE *rechts* Die kleine Hybridsorte *Digitalis* × *mertonensis* eignet sich besonders gut als Schnittblume. Wie andere Fingerhüte auch zieht sie Bienen stark an.

Stockrose *ALCEA ROSEA*

DIE MALER DES 19. JH. malten Stockrosen oft als kerzengerade Pflanzen in Bauerngärten. Ich muss zugeben, dass ich meine in einigen Ecken ohne Stütze wachsen lasse, wie sie wollen. Sehr schön wirken sie in einer Reihe vor einer Wand oder gestützt als Einfassung eines Gemüsebeets. Diese winterharten zweijährigen oder ausdauernden Stauden gedeihen am besten in schwerem Boden bei voller Sonne oder leichtem Schatten. Sie sind aber nicht anspruchsvoll – ich habe schon einen verirrten Keimling in einer Ritze im Asphalt aufgehen sehen.

MALERISCH VERFÜHRERISCH *links*
Säen Sie eine Mischpackung, und Sie erhalten lang blühende, auffällige Blüten in verführerischen Violett-, Rosa-, Weiß-, Creme- und Gelbtönen.

◄BLÜTENGRÖSSE
5–10 cm
Durchmesser

Die Blüten öffnen sich nacheinander von unten nach oben.

ÜPPIGE PRACHT
Die Blüten von gefüllten Sorten wie 'Charter's Double' sehen wie Papierpompons aus und wirken luftiger als ungefüllte.

MAGISCHER GLANZ
Warum nach schwarzen Tulpen suchen, wenn Sie so leicht an die herrlich seidigen schwarzvioletten Blüten der Stockrose 'Nigra' kommen können?

Stockrosen im Garten

Pflanzenprofil

Meist winterharte zweijährige oder ausdauernde Pflanzen. In kalten Regionen im Winter mulchen.

- GRÖSSE 1,2–2,4 m.
- BLÜTENFARBEN Rot, gelb, violett, rosa, weiß, creme.
- BLÜTE Sommer, oft bis zum Frühherbst.
- STANDORT Schwerer Boden in voller Sonne oder Halbschatten, am besten in geschützter Lage.

Pflanzen Geben Sie Volldünger in den Boden, bevor Sie pflanzen. Im Herbst mit Kompost oder verrottetem Pferdemist mulchen.

Aussaat Säen Sie ein Jahr, bevor Sie Blüten wünschen, im Frühjahr oder Sommer direkt ins Freie. Härten Sie die Pflänzchen ab und setzen Sie sie Mitte des Frühjahrs ins Freie, so sie blühen noch im selben Sommer.

Probleme Stockrosen sind sehr anfällig für einen Rostpilz, der die Blätter angreift und die Pflanzen schwächt. Wenn Sie Ihre Pflanzen selbst anziehen, achten Sie darauf, dass sie rostfrei bleiben. Spritzen Sie junge und ausgewachsene Pflanzen mit einem geeigneten Fungizid.

Meine Lieblingssorten 'Chater's Double', in Apricot oder verschiedenen Farben. 'Majorette', 'Nigra'.

FARBENSPIEL Stockrosen passen gut in einen Bauerngarten. Hier sorgen sie, zusammen mit dem dunkelvioletten Sommerflieder, für ein kräftiges Farbbild.

ZAUBERHAFT *rechts* Hinter der ersten Blüte sitzt jeweils eine zweite kräftige grüne Knospe und wartet, bis sie an der Reihe ist – kein Wunder, dass sie so lange blühen.

Samen sind leicht zu ernten. Obwohl sie sich selten sortenecht entwickeln, bekommen Sie doch schöne Pflanzen.

Ehrenpreis *Veronica*

DAS LEUCHTENDE BLAU des klassischen Ehrenpreis ist in sonnigen Rabatten vom Frühjahr bis Frühsommer ein erfrischender Anblick. Weniger verbreitet, aber genauso pflegeleicht sind die rosa und weißen Sorten. Wie die blauen haben sie ein deutliches »Auge« in jeder Blüte. Meist wird Ehrenpreis in Stauden angepflanzt, die kleineren Sorten passen gut in den Steingarten. Ehrenpreis bildet auffallend kräftige Farbtupfer, obwohl die Pflanze bei genauerem Hinsehen fein und zerbrechlich wirkt. Solange er genügend Sonne bekommt und der Boden gut dräniert ist, ist Ehrenpreis leicht zu ziehen. Bienen und Schmetterlinge lieben diese Blume.

BLAUES WUNDER *rechts* Die höher wachsende *Veronica spicata* bildet einen Teppich aus leuchtend blauen Blütenständen vor attraktiven graugrünen Blättern.

Winzige Einzelblüten

Ehrenpreis im Garten

Pflanzenprofil

Winterharte ausdauernde Pflanzen. Einige Sorten überwintern im Gewächshaus.

- GRÖSSE 7,5–50 cm, aber *Veronica virginica* 'Rosea' wird bis zu 1,8 m hoch.
- BLÜTENFARBEN Blau, rosa, weiß.
- BLÜTE Mitte des Frühlings bis Frühsommer.
- STANDORT Gut dränierter, Boden, volle Sonne oder geschützt vor kaltem Wind.

Pflanzen Bevor Sie die Pflanzen in sehr leichten oder sandigen Boden setzen, achten Sie darauf, dass er genug organische Substanz enthält.

Teilung Teilen Sie angewachsene Ballen im Frühjahr oder im Herbst. Wenn Sie alle drei Jahre teilen, bleibt die Pflanze gut in Form.

Stecklinge Manche Arten sind zu empfindlich für eine erfolgreiche Teilung. Schneiden Sie halbreife Stecklinge und bewurzeln Sie sie im Frühbeet.

Aussaat Nur die Arten können aus Samen gezogen werden. Säen Sie zeitig im Frühjahr in einen beheizten Anzuchtkasten, härten Sie die Pflanzen ab und setzen Sie sie im Herbst auf ihren dauerhaften Platz.

Pflege Entfernen Sie verwelkte Blüten oder schneiden Sie die Pflanze nach der Blüte leicht zurück. So bleibt die Pflanze kompakt und blüht im nächsten Jahr besser.

Schutz *Veronica bombycina* leidet unter Kälte und Feuchtigkeit, pflanzen Sie sie nur, wenn Sie ein Gewächshaus haben.

Stützen Pflanzen im Halbschatten oder an ungeschützten Plätzen brauchen oft Stützen. Zweige eignen sich gut – dicke Stäbe wirken zwischen den feinen Stängeln zu kräftig.

Meine Lieblingssorten *Veronica longifolia; V. peduncularis* 'Georgia Blue'; *V. prostrata*, 'Shirley Blue'; *V. spicata; V. virginica* (auch *Veronicastrum virginicum*). In sehr trockenen Gebieten *V. gentianoides*.

KONTRASTREICH *oben*
Die gelbgrünen Blätter der niedrigen *Veronica prostrata* 'Trehane' bilden einen kräftigen Hintergrund für die blauen Blütenstände.

SCHLANK UND ELEGANT
Veronica virginica 'Rosea' endet in schlanken Blütenkerzen mit feinen hellrosa Blüten.

ERFRISCHEND
Die hübschen fliederblauen Blütenstände der *Veronica longifolia* erinnern mich an Sommerflieder und zeigen sich von Spätsommer bis Frühherbst.

LEUCHTEND
Diese Matten bildende *Veronica spicata* 'Rotfuchs' wird nur etwa 30 cm hoch, wirkt aber größer, wenn die zahlreichen feurigen rosa Blüten hervorbrechen.

ERLESENES SCHMUCKSTÜCK
Im Hochsommer bis Frühherbst, wenn Pastellfarben selten sind, ist die hellrosa *Veronica virginica* mit ihren eleganten Blattkränzen und schlanken, spitz zulaufenden Blütenständen ein Juwel im Garten.

Bei feuchtem Boden pflanzen Sie Veronica beccabunga, *die in Sumpfgelände gedeiht.*

•

Die niedrigwachsende V. cinerea *ist ein idealer Bodendecker. Jede Pflanze bildet eine 30 cm breite Matte.*

•

V. peduncularis *mit ihren leuchtend blauen Blüten passt ideal zwischen Pflastersteine.*

Strahlend schön

Unter Blumenfachleuten gelten sie vielleicht nicht viel, aber ich habe gern ein paar Blickfänge im Garten. Natürlich sind alle Blumen zauberhaft, aber diejenigen, die ich hier ausgewählt habe, zeigen wirklich, was sie zu bieten haben – es sind keine bescheidenen Veilchen! Alle diese Pflanzen, mit einer Ausnahme, sind klassische Schönheiten, von den stattlichen Lilien bis zu den überaus prächtigen Pfingstrosen. Manche – Wicken zum Beispiel – betonen ihre üppigen Reize noch mit verführerischen Düften. Die Wolfsmilch mag als Hochstaplerin unter diesen Blumen gelten, denn ihre auffällig farbigen »Blüten« sind eigentlich nur gefärbte Hochblätter, und die kleine Blüte in der Mitte wird häufig überhaupt nicht bemerkt. Trotzdem stelle ich diese wirklich ungewöhnliche Pflanze hier vor. Ich finde ihre Form und Farbe sowohl schön als auch sehr interessant.

»Wenn ihre feinen, seidigen Blüten auch nicht so lange halten, möchte ich die umwerfende Pracht der Pfingstrosen doch nicht missen.«

Pfingstrose, Seite 54–55

Links Iris (S. 60–61) gehören zu den auffälligsten Pflanzen in der Rabatte.

Zierlauch *ALLIUM*

ES IST KAUM ZU GLAUBEN, dass die nahen Verwandten der gewöhnlichen Zwiebel so eindrucksvoll sein können – Zwiebeln haben zwar hübsch geformte Blüten, aber in einer eher unscheinbaren Cremefarbe. Mit Leuchtfarben ausgestattet erregen die eleganten Formen dagegen Aufmerksamkeit. Demonstrativ ragen die Langstieligen aus jeder Rabatte. Die Zwergsorten dieser winterharten Staude bilden einen den ganzen Sommer überdauernden Farbteppich. Ich pflanze Zierlauch gerne in verwitterte Terrakottatöpfe.

Pompons aus sternförmigen Blüten.

HIMMELBLAU
Mit seinen dichtgepackten Kugeln puderblauer, sternförmiger Blüten sieht *Allium caeruleum* sanft und verträumt aus.

KNALLROSA
Allium cernuum hat kräftig rosafarbene glockenähnliche Blüten auf deutlich gebogenen Stängeln.

ZART BESTÜCKT *rechts*
Diese funkelnde Farbkugel ist ein *Allium aflatunense* 'Purpureum', mit dicht gesetzten sternförmigen Blüten in einem ins Violett gehenden Rosaton.

GANZ IN WEISS *oben*
Ein blühender *Allium stipitatum* 'Album' bildet wunderschöne cremefarbene und weiße Pompons. Die verwelkten Blütenstände sehen mit Raureif bedeckt sehr hübsch aus – auch für Trockengestecke eignen sie sich hervorragend.

LILA GRUPPE *links*
Diese zufällig angeordnete Pflanzung von violettrosa *Allium aflatunense* erinnert mich an bunte Hüte in einer Menschenmenge. Dicht daneben sitzen Himmelsleiter *(Polemonium)* in Violett und Weiß. Storchschnabelstauden und Steinbrech *(Saxifraga × urbium)* verstärken den lockeren Eindruck dieser Rabatte.

Zierlauch eignet sich gut als Schnittblume.

ZIERLAUCH IM GARTEN

PFLANZENPROFIL

Zwiebelpflanze, die jedes Jahr blüht. Manche Sorten sollten bei Frost geschützt werden.

- GRÖSSE 30–120 cm.
- BLÜTENFARBEN Gelb, blau, violett, flieder, rosa, weiß.
- BLÜTE Den ganzen Sommer bis in den Herbst.
- STANDORT Fruchtbarer, gut dränierter Boden in voller Sonne. Zur Entwässerung beim Pflanzen Grobsand einarbeiten.

Pflanzen Zwiebeln im späteren Herbst in etwa 5–10 cm Tiefe setzen.

Teilung Zu dicht gewachsene Ballen im Herbst oder im Frühjahr teilen.

Pflege Wenn Sie die Blütenstände nicht zum Trocknen aufbewahren wollen, entfernen Sie sie direkt nach dem Abblühen. Die Stängel und Blätter sollten bis zum Herbst erhalten bleiben, dann können auch diese entfernt werden.

Meine Lieblingssorten *Allium aflatunense, A. caeruleum, A. cernuum, A. flavum, A. giganteum, A. karataviense, A. neapolitanum, A. oreophilum* (syn. *A. ostrowskianum*), *A. sphaerocephalon, A. unifolium.* Zum Verwildern unter Sträuchern: *Allium moly* und *A. triquetrum. A cristophii* mit bis zu 20 cm dicken Blütenständen eignet sich als Winterdekoration.

Als Duftpflanze eignet sich Allium triquetrum, *dessen weiß-grün gestreifte Blüten um die Mitte des Frühlings erscheinen. Er breitet sich sehr schnell aus. Weniger aggressiv ist* A. cowanii, *der im Frühling bis Spätfrühling weiß blüht.*

•

Getrocknete Zierlauchsamenstände passen gut in winterliche Gestecke. Wenn die Blüten welken, schneiden Sie die Stängel mit einer scharfen Schere ab und hängen sie kopfunter in einen luftigen Raum.

Spinnenartige, sechszackige Blüten mit metallischem Glanz.

BLÜTENSTAND ► 20 cm Durchmesser

Flache Blüten sind für Bienen leicht zugänglich.

SPEKTAKULÄR
Die fremdartigen, kugeligen Blütenstände des *Allium cristophii* erregen in jedem Garten Aufmerksamkeit. Sie tauchen aus dem Nichts auf und überragen bald die ganze Pflanzengesellschaft. Nur die auffälligsten Blüten finden daneben noch Beachtung.

Wolfsmilch *EUPHORBIA*

DIE SELTSAM SCHÖNE WOLFSMILCH hat nur Gegner oder Liebhaber – früher habe auch ich zu den ersteren gehört. Heute ist Wolfsmilch, wegen ihrer auffälligen blütenähnlichen Hochblätter und wegen ihrer Vielseitigkeit, eine meiner liebsten Strukturpflanzen. Trotz ihres fast surrealistisch wirkenden Äußeren lässt sie sich gut mit anderen Pflanzen kombinieren. Die meisten Sorten sind winterharte Stauden, die sich unter verschiedenen Bedingungen wohlfühlen. Von Mitte Frühjahr bis Spätsommer bieten sie einen originellen Anblick.

FEUERGLANZ
Für diese *Euphorbia griffithii* mit ihren glühenden orangeroten Hochblättern und roten Blattadern gibt es keinen besseren Namen als 'Fireglow'.

FARBANPASSUNG
Wie ihr Namensvetter verschmilzt diese violett beblätterte *Euphorbia dulcis* 'Chameleon' völlig mit den Farben ihrer Umgebung, sei es Violett, Rot oder Grün.

GELBE PRACHT
Obwohl die einzelnen Hochblätter der *Euphorbia dulcis* eher klein sind, entwickeln sie sich so zahlreich, dass sie einen leuchtend gelben Teppich bilden.

Der Saft der Wolfsmilch reizt die Haut, tragen Sie daher beim Schneiden Handschuhe und lange Ärmel. Falls der Saft trotzdem mit Ihrer Haut in Berührung kommt, waschen Sie ihn sofort ab. Wenn er in die Augen gerät, suchen Sie einen Arzt auf. Pflanzen Sie keine Wolfsmilch in die Nähe eines Fischteichs, da Fische den Saft nicht vertragen.

ZITRUSFRISCH
Die zitrusfarbenen Hochblätter der *Euphorbia polychroma* bilden vom Frühjahr bis in den Spätsommer kräftige, ungewöhnliche Farbtupfer.

◄ BLÜTENGRÖSSE
3 cm Durchmesser

Wolfsmilch im Garten

Pflanzenprofil

Meist winterharte Stauden, manche Sorten zweijährig oder holzig.

- GRÖSSE 30–150 cm.
- BLÜTENFARBEN Rot, orange, gelb, grün.
- BLÜTE Frühjahr bis Spätsommer.
- STANDORT Bevorzugt gut dränierten Boden in der Sonne, verträgt aber verschiedene Böden und Halbschatten.

Pflanzen Soll Wolfsmilch von Anfang an gut gedeihen, geben Sie gut ausgereiften Kompost in den Boden.

Teilung Teilen Sie ältere Pflanzen im Frühjahr oder Herbst. *Euphorbia polychroma* hat einen stark holzigen Wurzelhals, graben Sie daher die ganze Pflanze aus und zerschneiden Sie sie mit dem Messer oder Spaten. Sie können auch aus Samen neue Pflanzen ziehen (im Frühjahr ins Frühbeet säen), oder im späten Frühjahr Basalstecklinge schneiden und sie im Frühbeet bewurzeln.

Mein Tipp Viele Wolfsmilchsorten blühen ein zweites Mal, wenn Sie sie nach der ersten Blüte kräftig zurückschneiden und gut düngen.

Meine Lieblingssorten *Euphorbia amygdaloides* var. *robbiae*, *E. charcias* subsp. *characias* 'Humpty Dumpty', *E.c.* subsp. *wulfenii*, *E.c.* subsp. *w.* 'Lambrook Gold', *E.c.* subsp. *w.* 'Spring Splendour', *E. dulcis* 'Chameleon', *E. polychroma*. An feuchten, schattigen Plätzen oder auf Moorboden gedeihen *E. griffithii* 'Dixter'.

ORIGINELL *rechts*
Besonders seltsam und beeindruckend sieht *Euphorbia characias* subsp. *wulfenii* aus. Diese immergrüne Staude bildet im Nu zahlreiche blaugrüne Blattkränze und Bürsten von gelblich grünen Hochblättern aus.

TRAUMHAFT
Die dichtwachsenden, papierdünnen hellrosa Blütenblätter der 'Sarah Bernhardt' erinnern an Seidenkleid und Märchenprinz.

Pfingstrose *PAEONIA*

PFINGSTROSEN VERLEIHEN DEM GARTEN einen flüchtigen, aber großartigen Hauch von Luxus. Wenn ihre feinen, seidigen Blüten auch nicht lange halten, möchte ich die alljährlich umwerfende Pracht der Pfingstrosen doch um keinen Preis missen – ihre attraktiven geteilten Blätter dienen mir für den Rest der Saison als Hintergrunddekoration. Pfingstrosen, besonders die tiefrosa oder roten Sorten der *Paeonia officinalis*, gehören in jede Pflanzung im Bauerngarten-Stil. Neben Kaiserkronen *(Fritillaria imperialis)* sehen die jungen Blätter von rosigem Hauch besonders schön aus. Auch über einer Grundpflanzung von Schachblumen, Zwergnarzissen oder Krokussen wirken sie elegant.

GRANDIOS
Die wunderschöne cremefarbene Mitte der 'Bowl of Beauty' ist von einem Kragen muschelförmiger rosa Blütenblätter umgeben.

WEISSGOLD
Mit ihrer tiefen weißen Schale um den kleinen goldenen Hügel aus Staubgefäßen erinnert 'Krinkled White' an Seerosen.

ROSA HAUCH
Die halb gefüllten Blüten der 'Auguste Dessert' haben rosa Blütenblätter, die noch in einem dunkleren Rosaton gestreift sind.

ERSTE KLASSE
Ich liebe ungefüllte, tiefrote Pfingstrosen wie diese *Paeonia tenuifolia*. Ihre mit goldenen Staubgefäßen besetzte Mitte fällt auf.

PFINGSTROSEN IM GARTEN

PFLANZENPROFIL

Winterharte Stauden. Höhere Varianten sind die strauchartigen Pfingstrosen.

- GRÖSSE Meist 60–90 cm.
- BLÜTENFARBEN Rot, rosa, weiß, creme.
- BLÜTE Frühsommer.
- STANDORT Humoser, aber gut dränierter Boden, volle Sonne. Nach Frostnächten für Schutz vor der Morgensonne sorgen.

Pflanzen Arbeiten Sie vor dem Pflanzen reichlich Kompost ein. Setzen Sie den Wurzelhals nicht tiefer als 2,5 cm unter die Erde, sonst erhalten Sie weniger Blüten.

Teilung Teilen Sie ältere Pflanzen im Herbst. Aber nur wenn es nötig ist. Die Pflanzen leiden darunter.

Pflege Wässern Sie die Pflanze gut und düngen Sie sie im Herbst.

Schnitt Entfernen Sie verwelkte Blüten. Schneiden Sie die abgeblühten Stängel im Herbst bis zur Basis zurück.

Probleme Wenn die Stängel an der Basis schwarz werden und danach welken, liegt das möglicherweise an einer Pilzinfektion. Entfernen Sie alle befallenen Stängel vollständig, sobald Sie sie entdecken. Schneiden Sie sie dabei wenn nötig bis an den Wurzelhals zurück.

Meine Lieblingssorten *Paeonia lactiflora* 'Bowl of Beauty', *P.l.* 'Duchesse de Nemours', *P.l.* 'Karl Rosenfield'. *P.l.* 'Président Poincaré', *P.o.* 'Lize van Veen', *P.o.* 'Rosea Plena', *P.o.* 'Rubra Plena'. Gute Duftpflanzen: *P. lactiflora*, *P.l.* 'Félix Crousse', *P.l.* 'Sarah Bernhardt', *P.l.* 'Laura Dessert'.

Mit Bambusrohr oder Zweigen stützen Sie Paeonia lactiflora *und andere Pflanzen an ungeschützten Stellen.*

BLÜTENGRÖSSE ►
10 cm Durchmesser

EXOTISCH
'Arabian Prince' kann man leicht für die exotische Kreation eines Konditors halten. Mit ihren leuchtend rosa Blütenblättern und kräftig gelben Staubgefäßen erregt diese Blume überall Aufmerksamkeit.

LEICHT KOMBINIERBAR *rechts*
Pfingstrosen passen wunderbar in Rabatten und gemischte Bepflanzungen, wo sie sich mit zahlreichen Stauden, Sträuchern oder Kletterpflanzen kombinieren lassen. Besonders gut harmonieren sie mit anderen auffälligen Blumen wie Rosen, Rittersporn oder Zierlauch.

Duftwicke *LATHYRUS ODORATUS*

PARADIESISCH
Die himmlisch duftende, bläulich malvenfarbene 'Noel Sutton' ist eine meiner Lieblinge.

SIE SIND SO UNAUFFÄLLIG wie unscheinbar, trotzdem werden Wicken gerne gepflanzt. Warum auch nicht? Wer sich nicht für ihre schmetterlingsförmigen Blüten in zarten Pastellfarbenen begeistern kann, den überzeugt ihr betörender Duft. Diese rasch wachsenden einjährigen Kletterpflanzen sind leicht aus Samen zu ziehen und bilden schnell einen äußerst reizvollen Sichtschutz für eine Laube oder einen Zaun.

KÖNIGIN IM KOHLBEET
Diese Duftwicke wurde frisch im Garten gepflückt. Ich pflanze sie gerne in den Küchengarten, so kann ich gleichzeitig Blumen und Gemüse ernten.

SCHLICHT UND EINFACH
Die reinweißen, duftenden Blüten der 'White Supreme' sind elegante Schnittblumen, die lange halten.

ZEITLOS SCHÖN
Die leuchtenden rosa Blüten der 'Jayne Amanda' wirken ebenso gut in einem modernen wie in einem Bauerngarten.

BLÜTENGRÖSSE ►
3,5 cm Durchmesser

DUFTWICKEN IM GARTEN

> **PFLANZENPROFIL**
> Einjährige Kletterpflanzen.
> • GRÖSSE Ca. 90 cm, hohe Exemplare auch 1,80–3 m, Zwergsorten 15–30 cm.
> • BLÜTENFARBEN Rot, orange, gelb, violett, flieder, rosa, weiß, creme und zweifarbig.
> • BLÜTE Ganzer Sommer.
> • STANDORT Feuchter, fruchtbarer Boden, volle Sonne oder Halbschatten.

Boden Wenn die Wicken den ganzen Sommer über blühen sollen, müssen Sie den Boden ständig feucht halten. Arbeiten Sie vor der Pflanzung reichlich organisches Material ein, z. B. gut verrotteten Pferdemist oder Gartenkompost.

Aussaat Säen Sie Mitte Herbst oder zeitig im Frühjahr. Die Samenhüllen der schwarzen oder gefleckten Samen sind zäh. Die Samen keimen zuverlässiger und schneller, wenn Sie die Hülle gegenüber dem »Auge« etwas einritzen. Sie können in Töpfe, Saatschalen oder spezielle Wickentöpfe säen (mit diesen Spezialtöpfen können Sie die Pflanzen bewurzeln und dann umsetzen, ohne die Wurzeln zu stören). Für einen kräftigen, buschigen Wuchs sollten Sie die Triebspitzen ausgeizen, sobald die Keimlinge zwei Blattpaare entwickelt haben. Härten Sie die Pflänzchen ab und setzen Sie sie ab Mitte Frühjahr ins Freie.

Pflege Regelmäßiges Wässern ist der Schlüssel zum Erfolg. Das wird durch gute Bodenvorbereitung erleichtert, aber selbst dann brauchen Wicken viel Feuchtigkeit, wenn sie durchgehend und möglichst lange blühen sollen.

Probleme Wicken sind anfällig für eine Reihe von Pilzkrankheiten, die sich in der Erde entwickeln. Pflanzen Sie also möglichst jedes Jahr an eine andere Stelle.

Stützen Wicken müssen gestützt werden. Ihre Ranken winden sich um Draht, Bambusrohr, Zweige oder Sträucher.

Meine Lieblingssorten 'Blue Mantle', 'Cambridge Blue', 'Catherine', 'Charles Unwin', 'Daphne', 'Diamond Wedding', 'Midnight', 'Milestone', 'Noel Sutton', 'Old Times', 'Painted Lady', 'Patio Mixed', 'Pulsar'.

HOCH HINAUS *oben*
Attraktiv wirken Wicken, die in der Rabatte an einem Geflecht aus Zweigen oder Bambusrohr hochranken. Bei wenig Platz tut es auch ein Kübel, in dem sie schnell für Farbe sorgen.

BUNT GEMISCHT *rechts*
Wicken gibt es für jeden Geschmack: Pastelltöne und dunklere Farben, ein- oder zweifarbig. Mehrere Farben nebeneinander sehen besonders schön aus.

Bei Aussaat in einzelne Töpfe wird die Wurzel beim Auspflanzen kaum gestört. Noch besser: Papp- und Fasertöpfe, die sich im Boden auflösen.

Tulpe *TULIPA*

SCHLICHT
Die *Tulipa kurdica* ist weniger auffällig als viele Kultursorten und bietet einen schlichten Anblick.

DIE TAGE DER »TULPOMANIE« sind vorbei, trotzdem sind Tulpen immer wieder gern gesehene Frühjahrsblüher. Es gibt sie in vielen Formen und Farben, für jeden Geschmack und Standort. Allerdings gelten Tulpen als recht arbeitsaufwändig, da ihre Zwiebeln jedes Jahr über Winter eingelagert werden sollten. Trotzdem können Sie versuchen, die Zwiebeln im Boden zu lassen. Manche kommen wieder. Die *Tulipa kaufmanniana* ist in dieser Hinsicht sehr zuverlässig.

GESTREIFT
Die leuchtend gelben Blütenblätter der 'Olympic Flame' haben orangerote Streifen. Zwischen Goldlack sehen sie gut aus.

BESCHEIDEN *rechts*
Vergissmeinnicht (*Myosotis*) passen gut zu Tulpen. Zudem verdecken ihre Blätter die verwelkenden Tulpenblätter.

GEHEIMNISVOLL
Die seidigen hellvioletten Blütenblätter der 'Arabian Mystery' sind mit feiner weißer Spitze abgesetzt.

TULPEN IM GARTEN

PFLANZENPROFIL

Nicht immer ausdauernd. Die Zwiebeln nach dem Absterben der Blätter ausgraben und über Winter lagern.

- GRÖSSE 10–60 cm.
- BLÜTENFARBEN Rot, orange, gelb, grün, violett, flieder, rosa, weiß, creme.
- BLÜTE Frühjahr.
- STANDORT Leicht bis mittel schwerer Boden, Sonne oder Halbschatten, windgeschützt.

Pflanzen Je nach Zwiebelgröße, in der Regel 15 cm tief, bei sandigem Boden noch tiefer. Um geometrische Farbflächen zu erzielen, sollten Sie die Zwiebeln in einem Abstand von 10 cm in geraden Linien setzen. Die beste Pflanzzeit ist der Spätherbst (nicht früher). Dadurch werden die Pflanzen deutlich weniger anfällig für Tulpenbrand.

Pflege Pflanzen Sie die Zwiebeln in Körbe mit offenen Seiten (z. B. Teichkörbe) oder Netzbeutel, dann sind sie nach der Blüte leicht auszugraben. Lassen Sie die Blätter vor dem Einlagern absterben.

Teilung Teilen Sie dichte Ballen nach der Blüte, wenn die Blätter gelb sind. Trennen Sie die Brutzwiebeln ab und pflanzen Sie alles wieder ein. Brutzwiebeln kommen erst nach mehreren Jahren zur Blüte.

Meine Lieblingssorten 'Apeldoorn', 'Apricot Beauty', 'Attila', 'Ballerina', 'Cassini', 'Estella Rijnveld', *T. fosteriana*, *T. kaufmanniana*, *T. kurdica*, 'Olympic Flame', 'Orange Emperor', 'Oxford', Parrot-Gruppe, 'Queen of Night', 'Red Emperor', 'Red Riding Hood', *T. saxatilis*, 'Scarlet Baby', 'Shirley', 'Showwinner', *T. sprengeri*.

Wenn die Blätter gelb werden, graben Sie die Zwiebeln aus, entfernen die Erde und lagern sie frostfrei im Schuppen.

FEUER UND FLAMME
Die Blüten der 'Orange Monarch' glühen feurig, im Inneren sitzen violette Staubbeutel auf apricot-orangefarbenen Blütenblättern.

EXZENTRISCH
Ob Sie sie mögen oder nicht, die verrückten Papageitulpen wirken immer als Blickfang, wie diese ausgefranste hier zeigt.

DEZENT
Die violettrosa Blüte der 'Attila' wirkt vielleicht einfach, aber wegen ihrer Eleganz ist sie einer meiner Lieblinge.

GOLDGELB
Eine klassische Tulpe ist 'Golden Apeldoorn': hochwachsend, mit schwarz angesetzten Blütenblättern.

DUNKLE SCHÖNHEIT
Warum sucht man immer noch die unerreichbare schwarze Tulpe, wenn es die kastanienbraune 'Queen of Night' gibt?

MALERISCH *oben*
Die Tulpen der Kaufmanniana-Gruppe erinnern auf den ersten Blick an Seerosen.

KLEINER LIEBLING *rechts*
In Massen gepflanzt wirkt die niedrig wachsende 'Scarlet Baby' beeindruckend.

BLÜTENGRÖSSE ►
7,5 cm Durchmesser

Iris *IRIS*

IRIS WAR DIE GRIECHISCHE GÖTTIN des Regenbogens. Die Pflanze wird so genannt, weil ihre Blüten das ganze Farbspektrum abdecken. Manche haben gedämpfte Farben, andere kräftige Bronze- und Violett-Töne. Iris gedeihen fast überall im Garten, wobei die Mehrheit einen gut dränierten, sonnigen Standort bevorzugt, einige wenige, wie z. B. *Iris unguicularis* und *I. sibirica*, mögen feuchte Stellen in lichtem Schatten. Iris blühen, wenn andere Frühlingsblumen längst verwelkt sind, und sorgen für Farbe, noch bevor die Stauden richtig blühen.

KLASSISCH *oben*
'Shirley Pope' ist eine bartlose Iris – wie man bei diesem Namen erwarten könnte! Ich mag diese klassische Iris schon lange.

Halten Sie bei Ihren Iris die Schnecken in Schach, denn Fraßschäden führen zur potenziell tödlichen Knollenfäule.

Bei der Blattfleckenkrankheit bekommen Irisblätter hellbraune Flecken. Diese Pilzerkrankung entwickelt sich gegen Ende des Sommers. Schneiden Sie stark befallene Blätter einfach ab. Wenn die Sache ernst ist, spritzen Sie ein Fungizid.

DEKORATIV
Zwischen dem späten Frühling und dem Frühsommer steht die hohe, rosa-fliederfarbene 'Carnaby' fast hüfthoch im Beet.

ATTRAKTIV
Die Zwergbartiris 'Joette' ist nur halb so hoch wie die 'Carnaby' und eignet sich gut für kleinere Gärten.

UNGEWÖHNLICH *links*
Diese Farben würde ich in meiner Kleidung nicht kombinieren, aber an der 'Brown Lasso' wirken sie elegant.

LICHTER GLANZ *rechts*
Wenn Sie die Iris so pflanzen, dass das Sonnenlicht auf ihre Blüten fällt, wirken die durchscheinenden Blütenblätter wie von innen heraus leuchtend.

BLÜTENGRÖSSE ►
10–13 cm Durchmesser

Iris im Garten

Pflanzenprofil

Winterhart, ausdauernd.

- GRÖSSE Meist 25–90 cm.
- BLÜTENFARBEN Rosa, orange, gelb, blau, violett, flieder, weiß, creme, braun.
- BLÜTE Meist spät im Frühjahr bis zum Hochsommer.
- STANDORT Meist sandiger, durchlässiger, neutraler bis alkalischer Boden, volle Sonne.

Pflanzen Pflanzen Sie die Rhizome im Spätsommer, Herbst oder im zeitigen Frühjahr. Arbeiten Sie, wenn möglich, mehrere Wochen vorher gut verrotteten Mist ein, denn Iriswurzeln reagieren empfindlich. Setzen Sie die Rhizome auf 38 cm Abstand, wobei die Oberfläche gerade noch über dem Erdboden liegen sollte, die Pflanze muss reichlich Sonnenlicht bekommen. Schneiden Sie alle Blätter um die Hälfte zurück, sodass der Wind weniger Gelegenheit hat, die jungen Pflanzen zu entwurzeln. Halten Sie die Rhizome für einige Wochen gut feucht, damit sie besser anwachsen. Düngen Sie im Herbst mit phosphatreichen Produkten.

Teilung Teilen Sie ältere Ballen im Herbst, nachdem die Blätter abgestorben sind.

Meine Lieblingssorten 'Amethyst Flame', 'Antarctic', 'Big Day', 'Black Knight', 'Blue Smoke', *Iris ensata*, 'Fiery Song', *I. foetidissima*, 'Gerald Darby', 'Langport Pansy', 'Langport Sultan', 'Langport Wren', 'Lothario', 'Perry Hill', 'Saint Crispin', 'Smart Girl', 'The Monarch', *I. sibirica* 'Dreaming Yellow', *I.s.* 'Papillon', *I.s.* 'Sparkling Rosé', *I.s.* 'White swirl', *I. unguicularis*.

BRONZEFARBEN *rechts* Iris sind schöne Pflanzen von kräftiger Statur. Um die feine Zeichnung und die Farbtöne der Blütenblätter bewundern zu können, muss man schon genauer hinschauen. Diese hier zeigt fast alle Regenbogenfarben.

HIMMLISCH PARADIESISCH
Der Duft der *Lilium longiflorum* ist paradiesisch. Dazu kommt noch die elegante Form der Blüten – eine nahezu perfekte Blume!

Lilie *LILIUM*

IM BEET ODER IM KÜBEL sehen Lilien immer würdevoll, elegant und formvollendet aus. Ihre beeindruckende Schönheit und ihr herrlicher Duft machen sie überall beliebt. Sie sind pflegeleicht, wenn sie nur durchlässigen Boden und etwas (aber nicht zu viel) Schatten bekommen. Selbst auf dem Hinterhof oder Balkon können Sie sich an den intensiven Farben und Düften der Lilien erfreuen, viele gedeihen gut in Töpfen und Kübeln.

LILIENKÖNIGIN
Die *Lilium regale* mit ihrem Duft und der auffälligen violettbraunen Zeichnung sollte einen Platz in der ersten Reihe bekommen.

ABSOLUT PERFEKT
Ich mag die Struktur der blassen Lilienblütenblätter. Bei der 'Mont Blanc' sehen sie aus wie glänzende Sahnehäubchen.

LEBHAFTES ROT
Ein oder zwei Töpfe der leuchtenden 'Red Night' bringen Leben in eine Frühsommerrabatte.

LILIEN IM GARTEN

PFLANZENPROFIL

Jährlich blühende Zwiebelpflanze. Zwiebeln ausgraben und über Winter einlagern.

- GRÖSSE Meist 60–120 cm, manche Sorten bis 3 m.
- BLÜTENFARBEN Rot, orange, gelb, violett, flieder, rosa, weiß, creme, braun.
- BLÜTE Früh-, Hoch- oder Spätsommer.
- STANDORT Fruchtbarer Boden.

Pflanzen Im zeitigen Frühjahr oder im Herbst, Blüte im folgenden Sommer. Zwiebeln vor dem Pflanzen eine Stunde in Wasser legen. Zwiebeln tief genug pflanzen, besonders bei *Lilium longiflorum, L. martagon, L. regale*. Reichlich verrotteten Pferdemist oder Reifkompost auf eine Tiefe von ca. 20 cm einarbeiten, die Zwiebeln 10–15 cm tief pflanzen. *L. candidum* und *L. cernum* auf ca. 10 cm pflanzen.

Boden Nährstoffreich, aber gut dräniert. Lilien sind Starkzehrer, geben Sie also reichlich Kompost oder verrotteten Pferdemist bzw. einen Spezialdünger zu. Bei feuchtem Boden oder Staunässe im Kübel sterben die Zwiebeln schnell ab. Achten Sie auf gute Dränierung. In lehmigem Boden setzen Sie die Zwiebeln auf eine 2,5 cm hohe Schicht groben Sandes .

Pflege Lilien vertragen keine nassen Füße, brauchen aber während der Wachstumsperiode immer Feuchtigkeit. Bei trockenem Wetter regelmäßig gießen.

Teilung Ältere Lilienballen sollten alle drei oder vier Jahre geteilt werden.

In Gefäßen Die meisten Lilien gedeihen gut in Töpfen, z. B. 'Casablanca', 'Mont Blanc', 'Pink Perfection', 'Red Carpet' oder *Lilium speciosum* var. *album*. Drei Zwiebeln pro Topf von 25–30 cm Durchmesser mit Lehmsubstrat sind ideal. Zur Entwässerung Scherben in den Topf legen.

Meine Lieblingssorten 'African Queen', 'Acapulco', *Lilium candidum, L. grayi*, 'Liberation', *L. longiflorum* (besonders *L.l.* 'White American'), 'Magic Pink', *L. martagon*, 'Mont Blanc', 'Red Night', 'Star Gazer' – ich mag viele Lilien!

Viele Lilien sind winterhart, aber manche, wie Lilium longiflorum *(oben), leiden unter der Kälte. Pflanzen Sie sie in Kübel und überwintern Sie sie frostfrei.*

BLICKFANG *rechts*
Der kräftige Duft der 'Acapulco' passt gut zu ihren leuchtend roten Blüten. In dieser Rabatte voll zarter Farbigkeit verstärkt sie die himmlischen Rosa- und Violetttöne von Rosen, Fingerhut, Iris, Ehrenpreis, Kosmea, Tränenden Herzen und Akelei. Stellen Sie duftende Sorten so, dass Sie sie auch genießen können: auf die Terrasse, in den Innenhof, in die Laube, unter ein offenes Fenster oder an einen viel benutzten Weg.

STAR DES SOMMERS *links*
Ohne viel Aufwand wird die rot gezeichnete 'Star Gazer' zur Attraktion Ihres Sommergartens. Sie gedeiht gut in Kübeln, duftet fein und eignet sich als Schnittblume.

Viele Lilien haben fein gezeichnete Blütenblätter

Blütenstaub von Lilien lässt sich aus Textilien schwer entfernen

BLÜTENGRÖSSE ►
18 cm Durchmesser

Größere Sorten brauchen an ungeschützten Plätzen eine Stütze

Deutliche Staubgefäße in vielen Farben

Feder-leicht

STRAHLEND BLAUER SOMMERHIMMEL UND FEINE SCHLEIER-wölkchen... Es kann kein Zufall sein, dass ich immer, wenn ich verträumte Farbtuffs schaffen will, zuerst an Blüten in Blau, Malve und Weiß denke, oft mit blaugrau getönten Blättern. Die Blumen in diesem Kapitel sind eher klein, und das Schönste an ihnen sind ihre filigranen, fein gezeichneten Blüten, die Sie unbedingt aus der Nähe bewundern sollten. Am besten wirken diese Blumen in großen Gruppen, sodass sie einen luftig-wallenden Nebel bilden, der in fließendem Übergang Pflanzen unterschiedlich kräftiger Farb- und Formgebung miteinander verbindet – federleicht und elegant. Manche von ihnen, besonders Kornblumen und Jungfer im Grünen, eignen sich auf ideale Weise als sommerlich aparte »Lückenfüller« für den Fall, dass die Dauerbepflanzung erst noch anwachsen soll.

»Im Hochsommer bildet die Jungfer im Grünen ein Nebelgespinst in Blau und Violett und bringt Kühle in die Blumenrabatte.«

JUNGFER IM GRÜNEN, SEITE 72–73

Links JUNGFER IM GRÜNEN (S. 72–73) BRINGT SANFT BLAUE WOLKEN IN DIE SOMMERRABATTE.

Kornblume *CENTAUREA*

FÜR MICH SIND Kornblumen die perfekte Verbindung zwischen Wildblume und Kultursorte. Luftig und leicht verstreuen sie in der Rabatte oder im Kübel zauberhaft schöne Farbtupfer. Viele ausdauernde Formen, die im Früh- bis Hochsommer blühen und dann im Herbst ein zweites Mal, sind ihr Geld mehr als wert. Selbst wenn sie nicht blühen, dienen ihre oft silbergrauen Blätter anderen Pflanzen in der Nähe als dekorativer Hintergrund.

FEIN UND FILIGRAN
Die *Centaurea montana* fo. *alba* mit ihren dunklen Staubgefäßen und feinen fedrigen Blütenblättern ist äußerst robust und wirkt dabei zerbrechlich und elegant.

ROSA POMPON
Manche Kornblumen bilden mit ihren Blütenblättern dicht gepackte Rosetten, z.B. die ungewöhnliche rosa Sorte *Centaurea cyanus* 'Tall Rose'.

KARMINROT
Kornblumen in rötlichen Tönen wie diese karminrote *Centaurea dealbata* 'Steenbergii' wirken feurig und doch angenehm farbig.

KLASSISCH
Die feine weiße Zeichnung am Rand der Blütenblätter oder am Ansatz ist typisch für Kornblumen.

WILD ROMANTISCH *rechts*
Centaurea cyanus sieht in dichten Gruppen, die leuchtend blaue Flächen bilden, wunderschön aus. Wie alle Kornblumen eignet sie sich gut als Schnittblume.

ZART UND DEZENT
Centaurea montana 'Pasham's Purple' mit schmalen rosafarbenen Blütenblättern und gemusterten Kelchblättern ist zeitlos elegant.

KORNBLUMEN IM GARTEN

PFLANZENPROFIL

Winterharte einjährige, zweijährige und ausdauernde Pflanzen.

- GRÖSSE Die meisten werden 20–45 cm hoch, manche Sorten bis zu 90 cm.
- BLÜTENFARBEN Rot, gelb, blau, violett, flieder, rosa, weiß.
- BLÜTE Frühsommer bis Herbst.
- STANDORT Jeder gut dränierte Boden, volle Sonne.

Aussaat Säen Sie die Einjährigen im Frühherbst oder im zeitigen Frühjahr direkt ins Freie. Säen Sie mehrmals aus, sodass Sie mehrere Monate lang Blüten haben.

Ausdauernde Sorten Säen Sie ausdauernde Sorten im Frühjahr in Töpfe oder Saatschalen im Frühbeet. Pikieren, eintopfen und pflanzen Sie sie an einen nicht benötigten Platz im Freien, bis sie im Herbst in die Rabatte gesetzt werden können. Oder Sie schneiden Ableger. Teilen Sie ältere Pflanzen etwa alle drei Jahre. Wenn Sie es eilig haben, kaufen Sie einfach junge Pflänzchen.

Boden Kornblumen wachsen in jedem dränierten Boden, der gut gedüngt wird. Bei schwerem Boden arbeiten Sie reichlich Grobsand ein oder setzen die Pflanzen auf einen kleinen Hügel, um die Entwässerung zu verbessern.

Standort Achten Sie darauf, dass Ihre Kornblumen einen Platz an der Sonne haben, sonst blühen sie kaum und entwickeln überlange Stängel.

Meine Lieblingssorten *Centaurea cineraria, C. cyanus, C. hypoleuca* 'John Coutts', *C. macrocephala, C. montana* fo. *alba, C. moschata.*

Wenn Sie Tiere in Ihren Garten locken wollen, sind Kornblumen ideal: Sie ziehen Bienen und Schmetterlinge an.

Wenn Sie Centaurea bella *an einen sonnigen Platz pflanzen, haben Sie vom späten Frühjahr bis in den Hochsommer hinein einen silbergrauen Blätterteppich mit leuchtend rosafarbenen Blüten.*

SOMMERFRISCHE
Kräftig blaue Kornblumen mit Sommerazaleen und Kalifornischem Mohn in leuchtenden Rosa- und Orangetönen sehen wunderbar aus.

Edeldistel *ERYNGIUM*

WENN ES EINE PFLANZE GIBT, die fremdartig und bizarr – beinahe außerirdisch – aussieht, dann ist es die Edeldistel mit ihren stacheligen, oft metallisch schimmernden Blüten und Blättern, Stängeln und Hochblättern. Die meisten Sorten sind winterharte Stauden, manche davon immergrün, und alle blühen fast den ganzen Sommer über. Bei reichlich Sonne und gut dräniertem Boden bringen sie schnell Struktur, Form und Farbe in den Garten. Sie sind anspruchslos und pflegeleicht und eignen sich hervorragend als Trockenblumen.

STAHLBLAU
Das glänzende Stahlblau der *Eryngium alpinum* gibt der Rabatte metallischen Glanz. Um die Farbe zu betonen, sollten Sie Violett und Blau als Hintergrund pflanzen.

SILBER METALLIC
Die Blüten der *Eryngium variifolium* sehen wie getrocknet aus, auch wenn sie noch frisch sind. Ihre Blätter sind silbrig glänzend und spinnenförmig.

BIZARR UND STACHLIG
Eryngium giganteum heißt auch »Miss Willmotts Geist«. Die Pflanze wuchs in jedem Garten, den diese große Gärtnerin besucht hatte. Wahrscheinlich streute sie heimlich Samen aus.

EDELDISTELN IM GARTEN

PFLANZENPROFIL

Winterharte Stauden.

- GRÖSSE Meist 60–150 cm. *Eryngium pandanifolium* wird bis zu 2,4 m hoch.
- BLÜTENFARBEN Grün, weiß, blau, violett, flieder. Die meisten haben einen silbrigen, fast metallischen Glanz.
- BLÜTE Fast den ganzen Sommer über.
- STANDORT Gut dränierter Boden in reichlich Sonne.

Boden Edeldisteln überleben in allen, außer den schwersten, Böden. Sie brauchen aber gute Dränierung, um richtig zu gedeihen. Arbeiten Sie beim Pflanzen Grobsand ein.

Standort Ohne genügend Sonne werden die Pflanzen schwach und ihre Farben stumpfen ab.

Aussaat Manche können aus Samen gezogen werden. Säen Sie im Frühjahr und setzen Sie die Pflanzen im Herbst aus.

Stecklinge Schneiden Sie Wurzelstecklinge (siehe S. 23) im Winter.

Teilung Sie können große Pflanzen im Herbst oder Frühjahr teilen.

Schutz Kälte und Feuchtigkeit im Winter schädigen diese sonst robusten Pflanzen schwer. Entfernen Sie im Herbst alle verwelkten Pflanzenteile vom Wurzelhals und mulchen Sie mit leichtem, trockenem Material.

Trocknen Die Blütenstände wirken gut in Trockengestecken. Sammeln Sie sie an einem trockenen Tag und hängen Sie sie in einen luftigen Schuppen.

Mein Tipp Frühe Zwiebelpflanzen wie Krokusse sind hervorragende Partner für Edeldisteln. Die Zwiebeln sind abgeblüht, wenn die Edeldisteln sich hervorwagen, sodass keine Pflanze die Wirkung der anderen beeinträchtigt. Wenn die Disteln auszutreiben beginnen, sehen sie neben blau oder fliederfarben blühenden Blumen oder vor kontrastierendem Weiß schön aus.

Meine Lieblingssorten *Eryngium agavifolium, E. alpinum, E. bourgatii, E.b.* 'Oxford Blue', *E. giganteum* (Miss Willmotts Geist), *E.* × *oliverianum, E. proteiflorum, E.* × *tripartitum, E. variifolium.*

EXOTISCH

Von Hochsommer bis Frühherbst ist *Eryngium × oliverianum* mit violetten Blütenständen bedeckt. Wie alle Edeldisteln eignet sie sich gut für Blumengestecke – wenn man die Stängel schneidet, bevor die Blüten ganz geöffnet sind.

Bienen und Schmetterlinge mögen Edeldisteln, deren Blüten sie an sonnigen Tagen besonders stark aufsuchen.

◀ BLÜTENGRÖSSE
6 cm Durchmesser

Lavendel LAVANDULA

EIN VIOLETTER SCHIMMER, summende Bienen und vor allem der herrliche, sonnenwarme Duft – Lavendel, das ist einfach Sommer für mich. An einem trockenen, sonnigen Platz passt er zu jedem erdenklichen Gartenstil. Um die Saison früh zu beginnen, pflanzen Sie winterharten Lavendel (*Lavandula angustifolia*) – aber lassen Sie auch Platz für empfindlichere Lavendelsorten (*L. stoechas*).

DER PERFEKTE
Mit seiner kompakten Form und kräftigen Farbe eignet sich *Lavandula angustifolia* 'Hidcote' perfekt als Einfassung eines Wegs oder einer Rabatte.

DER DUFTENDE
Das hauchzarte Rosa von *Lavandula angustifolia* 'Loddon Pink' schafft im Hoch- und Spätsommer eine farbige, duftende Wolke an sonnigen Plätzen.

DER KLASSISCHE, *oben und rechts*
Im Hochsommer erwachen die hügeligen graugrünen Formen des *Lavandula angustifolia* 'Twickel Purple' mit schmalen violetten Blütenkerzen zum Leben.

LAVENDEL IM GARTEN

PFLANZENPROFIL

Nicht winterharte Sorten an geschützten Stellen pflanzen oder mit Winterschutz versehen.

- GRÖSSE 25–75 cm, je nach Sorte.
- BLÜTENFARBEN Blau, violett, flieder, rosa, weiß.
- BLÜTE Spätes Frühjahr und den ganzen Sommer.
- STANDORT Liebt mageren, trockenen Boden, volle Sonne.

Boden Lavendel braucht sehr gut dränierten (kalkhaltigen) Boden und reichlich Sonne. Er gedeiht in magerem Boden bei wenig Dünger.

Pflege Regelmäßiger Schnitt mitten im Frühjahr ist notwendig, damit die Pflanzen nicht zu dünn und fransig werden. Schneiden Sie im Herbst die verwelkten Blütenstände ab. Wenn Sie Lavendel als Hecke pflanzen, schneiden Sie ihn im Frühjahr in Form. Auch bei regelmäßigem Schnitt verliert Lavendel nach acht oder neun Jahren seine elegante Form und sollte ersetzt werden.

Stecklinge Schneiden Sie halb reife Stecklinge im späten Frühjahr oder im Spätsommer.

Mein Tipp Pflanzen Sie in kalten Regionen nicht winterharte Sorten in gut dränierte Behälter und stellen Sie sie über Winter ins Gewächshaus.

Meine Lieblingssorten *Lavandula angustifolia* 'Twickel Purple', *L.* × *intermedia* Dutch Gruppe, *L.* × *i.* 'Grappenhall', *L. stoechas*, *L. s.* fo. *leucantha*, *L. s.* subsp. *pedunculata*. Als Hecken oder Wegeinfassungen eignen sich *L. angustifolia* 'Hidcote', *L. a.* 'Loddon Pink' oder *L. a.* 'Nana Alba'.

DER EMPFINDLICHE *unten*
Die außergewöhnliche Blütenform dieses Lavendels erinnert mich an indianischem Federschmuck. *L. stoechas* sieht viel verrückter aus als die anderen, gängigeren Sorten. Er ist leider etwas empfindlicher, aber wenn Sie den Standort sorgfältig wählen, können Sie ihn leicht auch über kalte Winter bringen.

DER PASSENDE *oben*
Das graublaue Dach und die hellblauen Wände des nahe gelegenen Hauses werden durch die graugrünen Blätter und die violetten Blüten des Lavendels betont.

Zum Trocknen schneiden Sie Lavendel, bevor die Blüten ganz geöffnet sind, und hängen ihn kopfunter in einen luftigen Schuppen.

Jungfer im Grünen

NIGELLA

IM HOCHSOMMER bildet die Jungfer im Grünen ein Nebelgespinst in Blau und Violett und bringt Kühle in die Rabatte. Die feinzarten Blüten und fedrigen Blätter geben ihr etwas Verträumtes, doch trotz ihres empfindlichen Äußeren ist sie leicht aus Samen zu ziehen. Sie kann im Frühling oder im Herbst direkt ins Freie gesät werden. Jungfer im Grünen ist auch eine hübsche Schnittblume.

▼BLÜTENGRÖSSE
4 cm Durchmesser

FEDERLEICHT
Mit der Samenmischung 'Persian Jewel' (*oben, rechts und gegenüber*) bekommt Ihr Beet ein exotisches Flair. Die Blüten in Veilchenblau, Himmelblau, verschiedenen Rosatönen und Weiß funkeln wie Juwelen den ganzen Sommer über bis zum ersten Frost.

LEICHT UND LUFTIG
Jungfer im Grünen ist ein guter Lückenfüller in der Rabatte. Hier sorgt sie mit Fingerhut, Pfingstrose, Glockenblume und Schleierkraut für eine Bauerngarten-Atmosphäre.

JUNGFER IM GRÜNEN IM GARTEN

PFLANZENPROFIL

Winterharte Einjährige: Säen Sie jedes Jahr aus oder lassen Sie die Pflanzen selbst aussamen.

- GRÖSSE 40–50 cm, Zwergformen 20–25 cm.
- BLÜTENFARBEN Gelb, blau, violett, flieder, rosa, weiß.
- BLÜTE Den Sommer über und im Frühherbst. Früher Beginn bei Herbstaussaat.
- STANDORT Sandiger, gut dränierter Boden, volle Sonne.

Pflanzen Samen können im Herbst oder Frühjahr direkt ins Beet gesät und später ausgedünnt werden. Die Aussaat im Frühjahr ist im Allgemeinen zuverlässiger. Die Pflanzen brauchen meist 10–12 Wochen, bis sie blühen.

Ausbreitung Jungfer im Grünen geht überall auf! Pflanzen Sie diese Keimlinge um, sobald sie im Frühjahr groß genug sind. Die Blütenfarbe muss nicht unbedingt die der Mutterpflanze sein.

Boden Jungfer im Grünen verträgt alles außer schweren Boden.

Zwergformen Als feine Beet- oder Wegeinfassungen sind die kompakten Zwergformen 'Dwarf Moody Blue' oder 'Shorty Blue', die etwa 25 cm hoch werden, nicht zu übertreffen. Sie eignen sich auch für Kübel.

Meine Lieblingssorten *Nigella hispanica, N. damascena,* 'Miss Jekyll Azure Blue', 'Mulberry Rose', 'Red Jewel', Persian Jewel-Serie, 'Oxford Blue'. Sehr interessant sind die Samenstände der *N. orientalis* 'Transformer'. Kehren Sie ihre Innenseite nach außen, um silbrige, gelbbraune »Blüten« für Gestecke zu erhalten.

Damit Nigella *nicht selbst aussamt, entfernen Sie die Samenstände, wenn sie sich öffnen, und sammeln Sie die Samen.*

Ziersalbei *SALVIA*

DER IM MITTELMEERRAUM heimische Salbei gedeiht gut an trockenen, sonnigen Plätzen – oft an solchen, an denen andere Pflanzen kläglich verkümmern. Die mediterranen Stauden von hoher schlanker Statur unterscheiden sich deutlich von den kleinen gedrungenen, roten Sommerblumen. Ebenso von den buschigen Pflanzen im Küchenkräutergarten, auch wenn sie Blütenform, klare Leuchtfarben und manchmal sogar die aromatischen Blätter mit ihnen gemein haben. Nicht alle Salbeiarten sind winterhart, und oft schadet ihnen Feuchtigkeit mehr als Kälte.

ZIERLICH *links*
Von Sommer bis Herbst sind die feinen Kerzen von *Salvia coccinea* 'Coral Nymph' mit korallenroten Blüten bedeckt.

FARBINTENSIV *rechts*
Kombinieren Sie die dichten, fliederblauen Kerzen der *Salvia* × *superba* mit leuchtend rosa Mohnblüten.

SALBEI IM GARTEN

PFLANZENPROFIL

Die hier beschriebenen Salbeiarten sind ausdauernd und oft winterhart.

- GRÖSSE 45–75 cm.
- BLÜTENFARBEN Blau, violett, flieder, rot, weiß.
- BLÜTE Frühsommer bis Frühherbst.
- STANDORT Gute Entwässerung und viel Sonne sind wichtig. Empfindlichere Arten vor kaltem Wind schützen.

Aussaat Ausdauernde Salbeiarten (nicht die Kultursorten) können aus Samen gezogen werden. Dabei säen Sie am besten im Frühjahr direkt ins Freie.

Teilung Ältere Pflanzen können im Frühjahr geteilt werden.

Stecklinge Wenn empfindlichere Pflanzen gefährdet sind, den Winter zu überstehen, schneiden Sie im späten Frühjahr Weichholzstecklinge und überwintern Sie sie frostfrei im Gewächshaus. Härten Sie die Pflanzen ab und setzen Sie sie im späten Frühjahr ins Freie.

Pflege Schneiden Sie winterharten Salbei nach der Blüte zurück, und entfernen Sie gleichzeitig alle verwelkten Blütenstände. So kommt es oft zu einer zweiten Blüte gegen Ende des Sommers. Frost kann die Stängel beschädigen. Schneiden Sie diese im Frühjahr zurück.

Meine Lieblingssorten Winterharte: *Salvia coccinea* 'Coral Nymph', *S. nemorosa* 'Ostfriesland', *S.n.* 'Lubecca', *S.* × *superba*, *S. verticillata*, *S. v.* 'Alba'. Nicht frostharte: *S. farinacea*, *S.f.* 'Alba', *S.f.* Victoria, *S. involucrata*, *S. patens* 'Cambridge Blue', *S. uliginosa*.

Mit Salvia × superba *erreichen Sie interessante Farbeffekte, denn seine attraktiven rot-violetten Hochblätter bleiben auch dann noch stehen, wenn die Blüten schon lange verwelkt sind.*

•

Die Blätter mancher Salbeiarten, besonders die von S. sclarea *var.* turkestanica*, duften unangenehm. Riechen Sie daran, bevor Sie einen Standort auswählen!*

SELTENES BLAU *rechts*
Blütenkerzen in diesem klaren Blau sind im Spätsommer recht ungewöhnlich, wenn *Salvia patens* 'Cambridge Blue' blüht.

MAIKÖNIGIN *rechts*
Die klassische Salbeisorte *Salvia × sylvestris* 'Mainacht' bringt mit Sicherheit fast den ganzen Sommer über zahlreiche dicht bewachsene leuchtend violette Blütenkerzen hervor.

LEUCHTENDES ROT *unten*
Ich wage mich zwar nicht immer an kräftig roten Salbei, wie er in großen Mengen als Sommerblume gepflanzt wird, aber *Salvia blepharophylla* ist etwas ganz anderes. Sein intensiver Farbton kontrastiert erfrischend zu den violettblauen Sommerfarben.

BLÜTENGRÖSSE ►
3 cm lang

Runde Blüten

WENN SIE JEMANDEN BITTEN, EINE BLUME ZU ZEICHNEN, dann wird sie bestimmt einer Margerite ähneln. Es mag ja sein, dass diese Pflanzen recht simpel aussehen, doch kann ich mir keinen Garten ohne Blumen dieser Familie vorstellen. Ich mag sie wegen ihrer klar umrissenen Konturen (denken Sie nur an leuchtende Sonnenblumen oder exzentrische Kapmargeriten), und weil sie mit ihren weit geöffneten sattfarbenen Blüten einfach gute Laune verbreiten und schlicht zur Lebensfreude beitragen. Auch am Ende des Sommers wirken ihre warmen Farben im Garten wohltuend: Wie trist sähe er ohne Rudbeckie, Astern und Kosmea aus, wenn die Tage kühler und kürzer werden? Als ob das noch nicht genug wäre, bringen die in diesem Kapitel erwähnten Pflanzen in Form von Schnittblumen die eingefangene Sonne vieler Sommertage ins Haus .

»Mit ihren schönen Blüten, die manchmal so groß wie Teller werden, sorgen Sonnenblumen für gute Laune.«

SONNENBLUMEN, SEITEN 82–83

Links RUDBECKIEN (S. 88–89) LADEN MIT IHREN LEUCHTENDEN BLÜTEN ZUM VERWEILEN EIN.

Staudenaster *ASTER*

DER HERBST SÄHE OHNE ASTERN recht farblos aus. Ihre leuchtenden Blüten, meist mit einem kräftigen goldenen Zentrum, sorgen im Spätherbst für Wärme und Farbe und lassen Bienen und Schmetterlinge noch etwas verweilen. Kaufen Sie Staudenastern als junge Pflanzen. Zwar werden sie meist in Rabatten gepflanzt, doch die kompakteren Sorten wirken auch gut in Kübeln oder als Beet- oder Wegeinfassung. Bei durchlässigem Boden und reichlich Sonne sind diese winterharten Stauden sehr pflegeleicht.

PERFEKTES ROSA *links*
In Rosa und Gelb fällt man wohl überall auf. Die halb gefüllte *Aster novi-belgii* 'Little Pink Beauty' trägt diese Farbkombination mit großer Eleganz.

GUT GEFÜLLT
Die dunkelrosa gefüllten Blüten der *Aster novi-belgii* 'Patricia Ballard' auf ihren kräftigen langen Stängeln erinnern mich an Schornsteinfegerbesen.

KLEINE BLÜTEN *oben*
Von Hochsommer bis Mitte Herbst bringt die *Aster lateriflorus* 'Horizontalis' zahlreiche kleine weiße oder blassrosa Blüten mit deutlichen rosa Zentren hervor.

FARBTUPFER *links*
Ohne die rosa und violetten Farbhügel der Astern – lebensfroh und auffällig wie altmodische Sonntagshüte – würde diese Rabatte sehr gedämpft wirken.

BLAUES WUNDER
Eine weniger grelle Aster ist die *Aster* × *frikartii* 'Wunder von Stäfa' mit ihren feinen, fliederblauen, spinnenförmigen Blüten. Eventuell müssen Sie sie mit Zweigen stützen.

ASTERN IM GARTEN

PFLANZENPROFIL

Winterhart und ausdauernd.

- GRÖSSE 45–150 cm.
- BLÜTENFARBEN Blau, violett, flieder, rosa, weiß, meist mit gelbem Zentrum.
- BLÜTE Hochsommer bis Spätherbst (oder bis zum ersten Frost).
- STANDORT Bevorzugt fruchtbare, durchlässige, alkalische oder leicht saure Böden, volle Sonne.

Teilung Teilen Sie ältere Pflanzen alle drei bis vier Jahre, am besten im zeitigen Frühjahr oder im Herbst.

Aussaat Nur die Asternarten können aus Samen gezogen werden. Bei Aussaat im Frühjahr sollten die Pflanzen im Herbst schon blühen.

Probleme Astern neigen zu Echtem Mehltau. Halten Sie daher die Wurzeln gegen Ende des Sommers und im Frühherbst durch ausreichendes Gießen gut feucht. Mulchen ist auch sehr hilfreich, ebenso das Ausdünnen der Pflanzen, um die Luftzufuhr zu verbessern.

Meine Lieblingssorten *Aster amellus:* 'Brilliant', 'King George', 'Pink Zenith', 'Violet Queen'; *A. divaricatus; A. ericoides* 'Pink Cloud'; *A. × frikartii* 'Mönch', *A. × f.* 'Wunder von Stäfa'; *A. lateriflorus* 'Horizontalis', *A.l.* 'Prince'; *A. novi-belgii:* 'Patricia Ballard', 'Winston S. Churchill'; *A. thomsonii* 'Nanus'.

Die hübsche Aster × frikartii 'Mönch' (hier zusammen mit Rudbeckie) ist dem Mehltau gegenüber am resistentesten.

RESISTENT

Viele Astern sind anfällig für den gefürchteten Echten Mehltau. Pflanzen Sie deshalb *Aster amellus* 'Blue King' oder andere *A. amellus*-Sorten, die ziemlich resistent sind.

BLÜTENGRÖSSE ▶ 3–5 cm Durchmesser

Strauchmargerite *ARGYRANTHEMUM*

WENN IMMER ICH DIE WAHL zwischen Strauchmargeriten und ihren nahen Verwandten, den Sommermargeriten, habe, entscheide ich mich für erstere. Bei gut durchlässigem Boden und reichlich Sonne bringen sie – in Beeten, Rabatten oder Gefäßen – mit Sicherheit den ganzen Sommer über und bis weit in den Herbst hinein zahlreiche, unschuldig wie Gänseblümchen wirkende Blüten hervor. Strauchmargeriten überstehen zwar den Winter im Mittelmeerraum, in kälteren Zonen sind sie leider nicht winterhart und werden in der Regel als nicht frostharte Stauden oder Einjährige behandelt. Sie blühen aber so hübsch und zuverlässig, und ihre Blühperiode dauert so lange, dass sie die Mühe des Überwinterns oder der jährlichen Anzucht wert sind.

STRAUCHMARGERITEN IM GARTEN

PFLANZENPROFIL

Nicht frostharte, holzige, ausdauernde Pflanzen, oft als Einjährige gezogen.

- GRÖSSE 30–50 cm.
- BLÜTENFARBEN Gelb, rosa, weiß.
- BLÜTE Den ganzen Sommer über bis in den Herbst.
- STANDORT Für möglichst viele Blüten gut dränierter Boden oder Substrat in voller Sonne .

Pflanzen Erst auspflanzen, wenn keine Frostgefahr mehr besteht. Wenn nötig, mit Grobsand und organischer Substanz die Dränierung verbessern.

Stecklinge Schneiden Sie im Spätsommer halbreife Ableger von 5–10 cm und überwintern Sie sie kühl im Gewächshaus. Oder schneiden Sie im Frühjahr Weichholzstecklinge. Wählen Sie immer gesunde, nicht blühende Triebe aus.

Pflege Ein Schnitt ist nicht notwendig. Wenn Sie neue Triebe ausgeizen, wächst die Pflanze buschig.

Mein Tipp Um die Blühperiode zu verlängern, entfernen Sie die verwelkten Blüten, sobald Sie sie entdecken.

Pflanzenprobleme Miniermotten können die Blätter befallen. Ihre hellen, krausen Spuren sehen zwar nicht sehr dekorativ aus, richten aber kaum Schaden an.

Meine Lieblingssorten 'Chelsea Girl' (weiß mit gelbem Zentrum), 'Jamaica Primrose' (warmes Gelb), 'Snowflake' (reinweiß, halb gefüllt), 'Vancouver' (tiefrosa mit deutlichem rosa Zentrum).

Wenn der Boden nicht zu nass und der Wurzelhals mit einer dicken Schicht gemulcht wird, können Sie die Pflanzen – an geschützten Orten in milden Regionen – auch in unseren Breiten überwintern.

•

Leisten Sie sich eine in Fahnenform geschnittene Strauchmargerite, und erzielen Sie im Kübel eine größere Wirkung.

KLASSISCH WEISS *unten*
Den ganzen Sommer über und oft noch im Frühherbst, manchmal bis zum ersten Frost, bildet *Argyranthemum frutescens* viele hübsche weiße Blüten.

◄ BLÜTENGRÖSSE
2 cm Durchmesser

Schlanke, kräftige Stängel tragen die Blüten.

Blütenblätter leicht nach hinten gebogen und gerillt.

DEKORATIV *oben*
Durch ihre kompakte, aufrechte Form sind Strauchmargeriten – hier zusammen mit Petunien– ideal für Kübel. Entfernen Sie bei beiden Pflanzen regelmäßig alte Blüten.

ATTRAKTIV *rechts*
Die offenen, margeritenartigen Blüten – hier 'Apricot Sunrise' – wirken auf viele Insekten wie ein Magnet, auch auf solche, deren Larven sich von Blattläusen ernähren.

AUFFALLEND
Manche Strauchmargeriten haben große Zentren wie Anemonen. Die lebhafte 'Vancouver' hat gefüllte rosa Blüten, die mit der Zeit verblassen.

REIZVOLL
Die Blütenblätter der 'Jamaica Primrose' haben die Farbe von im Frühling blühenden Primeln, das goldene Zentrum tritt deutlich hervor.

Sonnenblume

HELIANTHUS

MIT IHREN UNWIDERSTEHLICHEN, manchmal tellergroßen Blütenkörben und ihrer imposanten Statur verbreiten Sonnenblumen einfach gute Laune. Sie gedeihen in der Sonne oder im Halbschatten und werden gern auch in einer Ecke des Küchengartens gepflanzt. Seitdem sich die Floristen ihrer angenommen haben, gibt es eine größere Auswahl an Sorten in verschiedenen Gelb-, Rot- oder Brauntönen, oft rosa oder bronze angehaucht.

AUFGEBLÜHT
Sonnenblumen mit großen Blüten brauchen einen geschützten Platz, die verzweigten Kultursorten mit mehreren Blüten, wie zum Beispiel 'Pastiche', sind ideal für Rabatten.

FRÖHLICHE MISCHUNG
Eine kleinere Sonnenblumensorte, 'Music Box Mixed', trägt viele Blüten in verschiedenen Farben mit dunklen Zentren.

WIRKUNGSVOLL
Wenn Sie die Wirkung der großen Sonnenblumen ohne ihre beachtliche Höhe wollen, ist 'Sunspot' die richtige Wahl.

STRAHLENKRANZ
Die strahlenden Farbnuancen der neueren Kultursorten wie 'Pastiche' betonen den riesigen »Insektenlandeplatz« in der Mitte.

SONNENBLUMEN IM GARTEN

PFLANZENPROFIL

Die hier beschriebenen Pflanzen sind alle einjährig – *Helianthus annuus.*

- GRÖSSE 75 cm–3 m.
- BLÜTENFARBEN Gelb von zitrone bis gold. Rosa, rot, gelbbraun, creme, braun.
- BLÜTE Ganzer Sommer.
- STANDORT Fast alle Böden eignen sich, am besten aber schwerer Lehmboden bei voller Sonne oder Halbschatten.

Aussaat Es gibt nichts Leichteres, als Sonnenblumen aus Samen zu ziehen. Bereiten Sie den Boden vor und säen Sie im Frühjahr etwa 1 cm tief direkt ins Freie. Da sich die Blüten immer zur Sonne drehen, achten Sie auf einen günstigen Standort!

Pflege Junge Pflanzen müssen regelmäßig gegossen werden, wenn sie jedoch erst einmal kräftig wachsen, brauchen Sonnenblumen wenig Pflege. Insbesondere junge Pflanzen sollten vor Schnecken geschützt werden.

Stützen Binden Sie Sonnenblumen an, oder pflanzen Sie niedriger wachsende Sorten wie 'Incredible' oder 'Music Box', wenn Ihr Garten sehr windig ist.

Schnittblumen Sonnenblumen sind hervorragende Schnittblumen, ich pflanze immer so viele, dass ich einige mit ins Haus nehmen kann. Schneiden Sie sie, wenn sie Knospen ansetzen, die sich in der Vase öffnen, und stellen Sie sie in warmes Wasser. Die meisten Sorten halten sich in der Vase zwei bis drei Wochen.

Meine Lieblingssorten 'Giant Single', 'Incredible', 'Italian White', 'Moonwalker', 'Music Box', 'Sunbeam', 'Sunspot', 'Taiyo', 'Teddy Bear' und 'Velvet Queen'. Als Schnittblumen bevorzuge ich die verzweigten, mittelhohen Kultursorten wie 'Pastiche', 'Prado Red', 'Prado Yellow', 'Valentine' und 'Toy Box'.

SONNENKÖNIGIN

Auf den hohen Stängeln der 'Giant Single' sitzen riesige Blüten in herrlich strahlendem Zitronengelb. Ihre samtig braunen Zentren sind mit goldenem Pollen bestäubt.

◄ BLÜTENGRÖSSE
25 cm Durchmesser

Viele Gelb- und Brauntöne im Zentrum

Kleinere Blüten entwickeln sich an Seitentrieben

Sonnenblumensamen lassen sich leicht sammeln und für die Aussaat im Frühjahr oder als Vogelfutter aufbewahren.

Kosmea *COSMOS*

Runde Blüten, schlanke Stängel und farnartige Blätter sind die Bauteile dieser perfekten Pflanze – in ihrer unwirklichen Makellosigkeit erinnert sie an eine Kunstblume! Die Einjährigen und nicht frostharten Stauden sind pflegeleicht und gedeihen an sonnigen, dränierten Standorten. Auch im magersten Boden, wo andere Pflanzen nur kümmern, sorgen sie für aufregende Farbtupfer. Kosmeen werden aus Samen gezogen und blühen ab Hochsommer.

TRAUMHAFTE PRACHT
Sowohl als Gruppe aus der Ferne betrachtet (*links*) als auch einzeln aus der Nähe (*rechts*) wirken die Blüten des *Cosmos atrosanguineus* prächtig, und sie duften wirklich nach erstklassiger Schokolade!

◄ BLÜTENGRÖSSE
4,5 cm Durchmesser

KOSMEA IM GARTEN

PFLANZENPROFIL

Einjährige und Stauden, nicht zuverlässig winterhart.

- GRÖSSE 60–90 cm.
- BLÜTENFARBEN Rot, orange, gelb, rosa, weiß, braun.
- BLÜTE Den Sommer über bis in den Herbst hinein oder bis zum ersten Frost.
- STANDORT Am besten magerer, sandiger Boden, in voller Sonne. Gedeiht auch sehr gut im Halbschatten.

Aussaat Säen Sie Einjährige und manche Arten im zeitigen Frühjahr in einen Anzuchtkasten bei 16 °C, härten Sie die Pflänzchen ab und pflanzen Sie sie im späten Frühjahr aus. Sie können auch im späten Frühjahr ins Freie säen.

Stecklinge Nicht frostharte Stauden werden im Frühjahr aus Wurzelstecklingen im Anzuchtkasten oder aus Basalstecklingen gezogen.

Pflege Durch regelmäßiges Entfernen der verwelkten Blüten erzielen Sie große Blüten und eine lange Blühperiode.

Stützen Es ist oft nötig, besonders bei nährstoffreichem Boden, hohe Kosmeen zu stützen,

Boden Kosmeen gedeihen gut in magerem Boden. Düngen Sie also nicht, denn sonst werden die Pflanzen schwach und blühen spät.

Meine Lieblingssorten *Cosmos bipinnatus:* 'Daydream', 'Picotee', 'Sea Shells', 'Sensation', 'Tetra', 'Versailles'. Die nach Schokolade riechende *C. atrosanguineus* duftet gut in Ihrem Garten. *C. bipinnatus* 'Sonata' ist eine praktische Zwergsorte.

Kosmeen in Kübeln zieren Terrassen, Innenhöfe oder Gartentreppen.

•

Kosmeen sind gute Schnittblumen und harmonieren bestens mit anderen. Die höher wachsenden Sorten eignen sich besonders für Gestecke, weil sie durch ihre langen Stängel leichter in Vasen anzuordnen sind.

SOMMERLICH EDLE *oben*
Die edel geformten Blütenblätter des einjährigen *Cosmos bipinnatus* 'Sea Shells' bringen als Kübelpflanzen oder in einer Rabatte feine Farbtupfer in den Garten.

SOMMERLICH SCHÖNE *rechts*
Der botanische Name Cosmos geht auf das griechische Wort *kosmos* zurück, das »schön« bedeutet. Manche Kosmeen eignen sich als Schnittblumen – ich habe gerne einige im Haus.

BLÜTENGRÖSSE ►
7,5 cm Durchmesser

SOMMERLICH FEINE *links*
Pflanzen Sie mehrere Sorten *Cosmos bipinnatus* zusammen, dann haben Sie fast den ganzen Sommer über üppige Blüten, umgeben von feinen, farnartigen Blättern.

Kapmargerite *OSTEOSPERMUM*

Die Schönheit der Kapmargeriten ist die zusätzliche Mühe wert, die diese empfindlichen Pflanzen in kalten Klimazonen erfordern. Bei reichlich Sonne und trockenem oder gut dräniertem Boden zeigen sie in den Sommermonaten margeritenförmige Blüten in freundlich fröhlichen Farbtönen. Ob in Kübeln oder im Beet, es ist gut möglich, dass Sie über ihr auffälliges, leicht komisches Aussehen und ihre löffelartig geformten Blütenblätter lächeln müssen.

Das Zentrum erinnert mich an eine Honigwabe, um die sich orangefarbene Bienen scharen.

WEISS *rechts*
Die Blütenblätter und das Zentrum haben einen violetten Hauch.

◄ BLÜTENGRÖSSE
5 cm Durchmesser

KRÄFTIGES ROSA *oben*
Die lebhaften rosa Blüten der 'Stardust' funkeln wie Sterne im Sonnenlicht.

ZARTES CREMEGELB *rechts*
Die fein cremegelbe 'Buttermilk' hellt jede Rabatte freundlich auf.

KONTRASTREICH *oben*
Das Zentrum der 'African Summer' kontrastiert mit weißgrauen Blütenblättern.

WUNDERSAM *rechts*
Der Umriss der 'Whirligig Pink' entsteht durch zusammengedrückte Blütenblätter.

KAPMARGERITEN IM GARTEN

PFLANZENROFIL

Nicht ganz winterharte Stauden. Pflanzen im Winter an einen geschützten Ort bringen.

- GRÖSSE 30–60 cm.
- BLÜTENFARBEN Gelb, blau, violett, flieder, rosa, weiß, creme.
- BLÜTE Den ganzen Sommer über.
- STANDORT Gut durchlässiger Boden, volle Sonne.

Pflanzen Im Frühjahr und Sommer sollte eine große Auswahl an Kultursorten als Pflanze erhältlich sein. Pflanzen Sie Kapmargeriten am besten in Gruppen oder zu anderen Pflanzen mit attraktiven Formen, da sie sich leicht zur Seite neigen.

Boden Gute Dränierung ist wichtig. In schwerem Boden gedeihen die Pflanzen schlecht oder sterben ab. Arbeiten Sie daher in alle Böden reichlich Grobsand ein.

Aussaat Die Arten können aus Samen gezogen werden, den sie spät im Winter oder im zeitigen Frühjahr unter Glas aussäen. Setzen Sie die Pflanzen nach dem letzten Frost ins Freie. Vermehren Sie Kultursorten durch halbreife Stecklinge, die Sie im Spätsommer schneiden und in sandigem Substrat im Gewächshaus bewurzeln.

Winterschutz Können Sie die Pflanzen über Winter nicht einstellen, sorgen Sie während der Frostperiode für eine dicke Mulchdecke aus Stroh, Rinde oder Farn und eine gute Dränierung.

Meine Lieblingssorten 'Blackthorn Seedling', 'Buttermilk', 'Cannington John', 'Pink Whirls', 'Silver Sparkler', 'Stardust'.

Neben einem Kiesweg, der für eine gute Dränage sorgt, bilden Kapmargeriten die ideale Einfassung.

Rudbeckie *RUDBECKIA*

DIE KRÄFTIGE MARGERITENFORM und die leuchtenden Blütenfarben der Rudbeckie wirken anziehend. Mit ihrem Farbfächer aus Orange, Gelb und Braun bringt sie vom Sommer bis in den Frühherbst warme Goldtöne in die Rabatte. Die Pflanzen sind sehr pflegeleicht. Obwohl sie eher feuchten Boden und reichlich Sonne bevorzugen, blühen sie auch in lichtem Schatten gut. Bei stärkerem Schatten werden sie sehr hoch, und wenn das Sonnenlicht wirklich knapp wird, legen sie sich zur Seite, entwickeln aber trotzdem noch Blüten. Kaufen Sie ausdauernde Kultursorten als junge Pflänzchen, Arten und einjährige Sorten können Sie aus Samen ziehen.

GOLDFARBEN *oben*
Von Spätsommer bis Mitte Herbst zeigt *Rudbeckia fulgida* var. *speciosa* 'Viette's Little Suzy' eine Masse gelber Blüten zwischen mittelgrünen Blättern.

KURZ UND GUT *rechts*
Die niedrig wachsende *Rudbeckia hirta* 'Becky Mixed' gibt es meist als Einjährige; sie wirkt elegant in Gold- und Brauntönen.

HERBSTFARBEN *links*
Die kräftig gelben Blüten mit grünlich gelbem Zentrum der 'Herbstsonne' machen ihrem Namen alle Ehre: Sie leuchten vom Hochsommer bis in den Frühherbst hinein. Im Laufe der Zeit werden die Zentren braun und erinnern an die dunkle Jahreszeit.

RUDBECKIEN IM GARTEN

PFLANZENPROFIL

Winterharte Einjährige und Stauden.

- GRÖSSE Meist 60–100 cm. *Rudbeckia laciniata* und Verwandte bis zu 1,8 m hoch.
- BLÜTENFARBEN Orange, gelb, braun.
- BLÜTE Den ganzen Sommer über bis in den Frühherbst.
- STANDORT Eher feuchter Boden, reichlich Sonne, verträgt aber auch Schatten.

Pflanzen Rudbeckie kann in Böden gesetzt werden, die leicht austrocknen. Damit die Pflanzen in diesem Fall gedeihen, arbeiten Sie beim Pflanzen reichlich organische Substanz ein, mulchen und gießen sie regelmäßig.

Ausbreitung Behalten Sie bei fruchtbarem Boden *Rudbeckia laciniata* 'Hortensia' gut im Auge: Diese Sorte breitet sich leicht aus.

Aussaat Säen Sie Einjährige im zeitigen Frühjahr in einen beheizten Anzuchtkasten. Härten Sie die Pflanzen ab und setzen Sie sie im späten Frühjahr ins Freie.

Teilung Ältere Stauden können im Frühjahr oder im Herbst geteilt werden. In trockenen Gegenden ist der Herbst hierfür geeigneter, da der Boden leichter feucht bleibt. Zudem haben die neu geteilten Pflanzen mehr Zeit anzuwachsen.

Meine Lieblingssorten *Rudbeckia fulgida* var. *speciosa* 'Viette's Little Suzy', *R.f.* var. *sullivantii* 'Goldsturm', 'Goldquelle', 'Herbstsonne', *R. hirta:* 'Goldilocks', 'Marmalade'.

STIMMUNGSVOLL
Rudbeckie bringt Stimmung in gemischte Pflanzungen, wirkt aber erst richtig überschwänglich, wenn sie, so wie hier um diese Gartenbank, in großen Gruppen eingepflanzt wird. Ein wirklich einladendes Fleckchen!

Sattes Gelborange

Die Blüten der etwa kniehohen *Rudbeckia fulgida* var. *sullivantii* 'Goldsturm' sind größer als andere und glühen in kräftigem Gelborange. Sie sehen von weitem wie ein Berg Goldmünzen aus.

◄ BLÜTENGRÖSSE
bis zu 12 cm Durchmesser

Die höheren Rudbeckien und solche, die im Schatten stehen, brauchen eine Stütze. Wählen Sie Sorten, die weniger als 90 cm hoch werden, und pflanzen Sie sie in die Sonne.

•

Rudbeckie ist eine gute Schnittblume für den Spätsommer und Herbst.

•

Damit sich bei Rudbeckia hirta *eine zweite Blüte entwickeln kann, schneiden Sie sie nach der ersten Blüte zurück und geben ihr etwas Flüssigdünger.*

Trompeten & Glocken

WO AUCH IMMER ICH BLUMEN IN FORM VON TROMPETEN und Glocken erblicke, erklingt das Summen der Bienen wie eine Sommersymphonie. Auch die Blumen selbst scheinen sich im Takt zu wiegen – schon ein schwacher Windhauch versetzt den Garten in tänzerische Bewegung, sodass er ebenso interessant zu beobachten ist wie die emsigen Nektarsucher. Die Blüten in diesem Kapitel hier sind alle von ausgesucht eleganter Beweglichkeit, sie unterscheiden sich allerdings in Größe und Form, und allesamt erinnern sie mich an Musikinstrumente. Zierliche Schachblumen und Tränende Herzen wirken wie die Instrumente eines sommerlichen Feenorchesters, die kräftigen Narzissen wie Trompeten. Blütenreiche Arten wie Schmucklilien, bei denen mehrere Blüten an einem Stängel wachsen, lassen mich an ziemlich starke Paukentöne denken.

> *»Im späten Frühjahr zeigen sich die Schachblumen, deren feine Blüten sich im zarten Windhauch wiegen.«*
>
> SCHACHBLUMEN, SEITE 100–101

Links GLOCKENBLUMEN (S. 96–97) BRINGEN DEN HAUCH EINER WIESE IN DEN GARTEN.

Schmucklilie *AGAPANTHUS*

DER BOTANISCHE NAME AGAPANTHUS kommt aus dem Griechischen und heißt »Liebesblume« – eine passendere Bezeichnung für diese Blüten kann ich mir nicht vorstellen. Sie erinnern mich an meine Reisen nach Madeira und Südafrika, wo sie in großer Zahl wachsen – ein unvergesslicher Anblick. Schmucklilien sind als Pflanzen erhältlich (sie brauchen mehrere Jahre, um vom Sämling zur blühenden Pflanze heranzuwachsen). Auf feuchtem, fruchtbarem Boden und bei reichlich Sonne sind sie sehr pflegeleicht. Ihre Blühperiode reicht vom Hochsommer bis zum Frühherbst, und viele blühen zuverlässig mehrere Jahre.

FAVORITEN *links*
Sehr beliebte Schmucklilien sind die Headbourne-Hybriden. Sie sind auch winterhart.

SCHMUCKLILIEN IM GARTEN

PFLANZENPROFIL

Stauden. Nicht zuverlässig winterhart, Winterschutz kann nötig werden.

- GRÖSSE In Blüte meist 60–90 cm, manche werden bis zu 1,1 m hoch.
- BLÜTENFARBEN Blau, violett, flieder, weiß.
- BLÜTE Hochsommer bis Frühherbst.
- STANDORT Nährstoffreich, feucht, sonnig, windgeschützt.

Pflanzen Setzen Sie im Frühjahr den Wurzelhals auf ca. 5 cm Tiefe.

Teilung Teilen Sie die Pflanze Mitte bis Ende des Frühjahrs und setzen Sie sie sofort neu. Da die Pflanzen nicht gern gestört werden, teilen Sie sie wirklich nur, wenn sie zu dicht wachsen.

Pflege Wenn Sie die Blütenstände nicht trocknen oder als Winterschmuck verwenden wollen, schneiden Sie sie nach der Blüte zurück.

Frostschutz Eine Mulchdecke von 10–15 cm reicht in der Regel aus. Gut durchlässiges Material, das relativ trocken bleibt, etwa Rindenmulch, eignet sich besser als etwas, das die Feuchtigkeit um den Wurzelhals festhält. Wenn nötig, befestigen Sie die Mulchdecke mit Kükendraht. Graben Sie Töpfe und Kübel ein oder umwickeln Sie sie mit Sackleinen, Luftpolsterfolie oder Ähnlichem.

Meine Lieblingssorten 'Blue Giant', 'Bressingham Blue', 'Bressingham Bounty', 'Bressingham White', *Agapanthus campanulatus* 'Isis', Headbourne-Hybriden, 'Lilliput'.

WUNDERBAR *links*
Bei solchen Blütenständen wie diesem ist es kein Wunder, dass Schmucklilien wunderbare Schnittblumen sind.

Einzelne trompetenförmige Blüten

◄ BLÜTENSTAND
10 cm Durchmesser

DISKRETER CHARME
Im Gegensatz zu auffälligeren Schmucklilien wirkt *Agapanthus inapertus* durch ihre hängenden dunkelvioletten Blüten eher diskret.

KRISTALLWEISS
Wenn sie im Spätsommer voll aufblüht, erinnern die glockenförmigen weißen Blüten der 'Snowy Owl' an funkelnde Eiskristalle und geben dem Beet eine kühlere Note.

Schmucklilien sind eine ungewöhnlich elegante Einfassung für breite Wege, z. B. in der Nähe von Zäunen oder Wänden, wo die hohen Pflanzen andere nicht übertrumpfen.

•

Wenn Sie Schmucklilien gut feucht halten, können Sie sie auch in Kübeln pflanzen: In bläulich glasierten Töpfen wirken sie besonders gut.

PRACHTVOLL *rechts*
Schmucklilien sind keine zurückhaltenden Mauerblümchen, sie brauchen Nachbarpflanzen in kräftigen Formen und Farben. Bei grünlich gelbem *Cortaderia selloana* 'Gold Band', einer Konifere und rosarotem Bartfaden kann die Schmucklilie 'Loch Hope' ihre ganze Pracht entfalten.

◄ BLÜTENGRÖSSE 8 cm Durchmesser

Akelei *AQUILEGIA*

DIE SANFTEN BLÜTEN dieser hübschen Staude erinnern mich an schnäbelnde Tauben. Ihr märchenhaftes Aussehen wird durch die feinen, fast federartigen Blätter – ähnlich wie beim Frauenhaarfarn – noch verstärkt. Schon allein durch ihr zauberhaftes Blattwerk verdient die Akelei einen Platz in der Rabatte. Sie mag feuchten, gut durchlässigen Boden und gedeiht in der Sonne oder im Halbschatten. Die Akelei ist oft sehr kurzlebig. Wenn ihre Kraft nachlässt, werden Sie sie also alle paar Jahre ersetzen müssen.

SPEKTAKULÄR *oben*
Die gebogenen »Sporen« hinter den Blüten der Akelei sind bei einigen Sorten, wie dieser leuchtenden 'Crimson Star', stark ausgeprägt.

FARBTUPFER *rechts*
Die blassen Blüten der *Aquilegia vulgaris* bringen mit *Meconopsis cambrica* – Scheinmohn – helle Tupfer in ein schattiges Eck im Garten.

FACETTENREICH
Unter den höher wachsenden Sorten sind die McKana-Hybriden wegen ihrer Vielfalt an Blütenfarben sehr beliebt.

EFFEKTVOLL
Aquilegia vulgaris und ihre Varianten werden auch »Großmutters Haube« genannt.

GRAZIÖS *rechts*
Die kühle, durchscheinende Schönheit von 'Dorothy' wirkt am besten im Schatten.

AKELEI IM GARTEN

PFLANZENPROFIL

Winterharte Stauden, allerdings oft kurzlebig.

- GRÖSSE 30–90 cm.
- BLÜTENFARBEN Rot, gelb, blau, violett, flieder, rosa, weiß, creme.
- BLÜTE Spätes Frühjahr bis Hochsommer.
- STANDORT Meist gut dränierter Boden. Sie wachsen in voller Sonne, eignen sich jedoch besser für Halbschatten.

Aussaat Im zeitigen Frühjahr ins Frühbeet oder im Sommer ins Freie. Verpflanzen Sie aus Samen gezogene Pflänzchen nicht vor dem Herbst.

Pflanzen Geben Sie etwas Lauberde in den Boden, und Sie werden mit schnell anwachsenden, eifrig blühenden Pflanzen belohnt.

Teilung Ältere Ballen können im Herbst oder im zeitigen Frühjahr geteilt werden.

Pflege Wenn die Pflanzen zu stark selbst aussamen, schneiden Sie die Stängel nach der Blüte zurück.

Ausbreitung Akelei samt leicht selbst aus und wächst sehr gut wieder an, wenn sie versetzt wird. Nehmen Sie also Sämlinge und Pflänzchen von der Basis der Mutterpflanzen und füllen Sie damit Lücken an anderen Stellen im Garten. Dabei können neue Blütenfarben und Kombinationen entstehen, denn die Sämlinge sind nicht sortenecht.

Meine Lieblingssorten *Aquilegia caerulea, A. canadensis:* 'Nana', 'Crimson Star', 'Dorothy', *A. formosa, A. fragrans, A. longissima*, 'Magpie', McKana-Gruppe, 'Snow Queen', *A. vulgaris:* 'Adelaide Addison', 'Nivea'.

Die kleinen alpinen Sorten und Varietäten passen gut in einen Steingarten.

Glockenblume *CAMPANULA*

ALLE GLOCKENBLUMEN haben etwas Freundliches an sich. Gutmütig gedeihen sie unter den verschiedensten Bedingungen, manche sind fast zu anpassungsfähig. Der Name *campanula* bedeutet »kleine Glocke«. Bei einigen Sorten biegen sich die Blütenblätter zu einem runden Rand zurück, bei anderen öffnen sie sich weit zu kleinen Sternen. *Campanula portenschlagiana* und *C. poscharskyana* breiten sich stark aus und müssen regelmäßig zurückgeschnitten werden, wenn sie nicht den ganzen Garten überwuchern sollen.

GLOCKENBLUMEN IM GARTEN

PFLANZENPROFIL

Meist winterharte Stauden

- GRÖSSE Sehr unterschiedlich. Niedrigwachsende erreichen nur einige Zentimeter, andere Sorten stattliche 1,5 m.
- BLÜTENFARBEN Violett, blau, flieder, rosa, weiß.
- BLÜTE Den ganzen Sommer.
- STANDORT Am liebsten gut dränierter Boden in der Sonne oder im Halbschatten.

Vermehrung Säen Sie Mitte Herbst oder im Frühjahr ins Frühbeet. Topfen Sie die Pflanzen ein und pflanzen Sie sie ein Jahr später aus. Ältere Pflanzen teilen Sie im Herbst oder Frühjahr.

Stützen Stützen Sie hochwachsende Sorten schon zu Beginn der Saison mit Zweigen oder pflanzen Sie niedrigwachsende Sorten.

Pflege Putzen Sie regelmäßig aus, damit die Pflanze weiterblüht.

Meine Lieblingssorten *Campanula alliariifolia, C. carpatica:* 'Chewton Joy', 'Bressingham White', *C. lactiflora:* 'Loddon Anna', 'Prichard's Variety', 'White Pouffe', *C. latifolia* 'Gloaming', *C. persicifolia:* 'Chettle Charm', *C. poscharskyana.*

BLÜTEN ► 5,5 cm lang

LUFTIG *unten*
Die klassischen violetten Blüten der meisten Glockenblumen wirken nicht nur im Garten, sondern auch als Schnittblumen schön. Die Sorten werden sehr unterschiedlich hoch und eignen sich entsprechend gut für luftige Sträuße und Gebinde.

Blüten werden regelmäßig von Bienen besucht

BESONDERS EDEL
Die hängenden rosa und weißen Blüten der 'Elizabeth' unterscheiden sich von denen der meisten anderen Glockenblumen und geben dem Garten ein edleres Flair.

EXZENTRISCH
Sie sind nicht jedermanns Sache, aber die fast perfekten dunkelvioletten Blütenkugeln der *Campanula glomerata* 'Superba' wirken in ihrer exzentrischen Form immer auffällig.

ZIERLICH
Die mittelgroße *Campanula persicifolia* heißt auch Pfirsichblättrige Glockenblume. Über einer Gruppe von blassrosa *Geranium × oxonianum* 'Wargrave Pink' sieht sie sehr gut aus.

Niedrige Glockenblumen wie diese Campanula portenschlagiana *können sich zwischen Bodenplatten oder an Mauern ausbreiten, ohne andere Pflanzen zu erdrücken.*

SCHÖN *rechts*
Nach dem Zufallsprinzip verteilt bringt die *Campanula persicifolia* Farbe und schlichte Schönheit in eine Rabatte mit Wildblumen.

Tränendes Herz DICENTRA

VOM AUGENBLICK ihres Erscheinens im Frühjahr bis zu ihrem Absterben im Spätherbst sind Tränende Herzen ein überaus reizvoller Blickfang im Garten. Ihre häufig fedrigen, farnähnlich geteilten Blätter schimmern in kräftigem Apfelgrün bis hin zu sanftem Graublau. Die Blüten hängen an elegant gebogenen Stängeln wie Perlen aufgereiht an einer Kette. Aus der Nähe betrachtet sind die winzigen Medaillons der *Dicentra formosa* ebenso schön wie die Herzformen der *D. spectabilis.* Die winterharten Stauden mögen feuchten, aber gut dränierten Boden, ansonsten wachsen sie unter den verschiedensten Bedingungen – in voller Sonne oder im Halbschatten. Vielleicht sehen sie in tiefem Schatten trübsinnig aus, aber sie sind anpassungsfähiger als gemeinhin angenommen wird.

TREUE HERZEN
Die ungewöhnlich geformten rosa und weißen Blüten der *Dicentra spectabilis* sehen wie winzige Herzen aus, die dicht an dicht auf dem Stängel sitzen. Sie schmücken Ihren Garten im Frühjahr und Frühsommer.

Einzelne Blüten wiegen sich im Wind

TRÄNENDE HERZEN IM GARTEN

PFLANZENPROFIL

Meist winterharte Stauden.

- GRÖSSE 30–75 cm.
- BLÜTENFARBEN Rot, gelb, violett, flieder, rosa, weiß, creme.
- BLÜTE Frühjahr bis Spätsommer und in den Frühherbst hinein.
- STANDORT Am liebsten feuchter, gut dränierter Boden. Sonne bis Halbschatten, seltener auch tiefer Schatten.

Pflanzen Geben Sie beim Pflanzen Lauberde oder Reifkompost zu, damit der Boden das Wasser besser hält.

Teilung Teilen Sie ältere Pflanzen vom Herbst bis spät in den Winter, beschädigen Sie aber den empfindlichen Wurzelhals nicht zu stark, sonst gelingt die Teilung nicht. Werfen Sie alte, holzige Pflanzenteile weg.

Stecklinge Schneiden Sie im Frühjahr 7,5–10 cm lange Wurzelstecklinge. Setzen Sie sie in sandiges Substrat ins Frühbeet, bewurzeln lassen und im folgenden Frühjahr ins Freie setzen. Das ist die beste Methode, *Dicentra spectabilis* mit ihren empfindlichen Wurzeln zu vermehren.

Aussaat Säen Sie im Frühjahr bei 15 °C und setzen Sie die Pflanzen im Herbst oder bei schwerem Boden im zeitigen Frühjahr ins Freie.

Ausbreitung Dicentra-Hybriden samen leicht selbst aus. Wenn Sie keinen großen Wert auf sortenechte Pflänzchen legen, behalten Sie sie.

Mein Tipp Die farnähnlichen Blätter der Tränenden Herzen wirken hübsch an leicht schattigen Plätzen in einer Gruppe winterharter Farne.

Meine Lieblingssorten 'Adrian Bloom', 'Bacchanal', 'Bountiful', *Dicentra cucullaria, D. eximia, D. formosa,* 'Langtrees', 'Luxuriant', 'Snowflakes', *D. spectabilis:* 'Alba', 'Stuart Boothman'.

Die zierlichen Blüten sind erstaunlich wetterfest

WEISSE GRAZIE *rechts*
Die äußerst elegante *Dicentra spectabilis* 'Alba' hat lange, gebogene Blütenstängel, die mit reinweißen Blüten überzogen sind – so glänzend und perfekt, dass sie fast unwirklich erscheinen.

ROTTÖNE
'Bacchanal' ist ideal zum Verwildern unter Sträuchern, wo sie im späten Frühjahr weitläufige Gruppen karminroter Blüten bildet.

Dicentra spectabilis *beginnt früh zu blühen. Wählen Sie einen vor Spätfrost und starkem Wind geschützten Standort, damit Ihre Pflanzen nicht beschädigt werden.*

•

Tränende Herzen werden nicht gerne versetzt, denn ihre kleinen, empfindlichen Wurzeln brechen leicht. Stören Sie sie nur im Notfall.

FRÜHLINGSROMANZE *oben*
Die hübschen hängenden Blüten und blaugrünen geteilten Blätter der *Dicentra spectabilis* wirken im Frühjahr und Frühsommer hübsch in einer lockeren Rabatte.

◄ BLÜTENGRÖSSE
2,5 cm Durchmesser

WEISSE HERZEN *rechts*
Die seltsam geformten weißen Blüten der *Dicentra cucullaria* sehen wirklich wie altmodische Unterhosen aus! Die Blüten erscheinen im zeitigen Frühjahr vor einem dekorativen Hintergrund aus graugrünen Blättern.

Schachblume *FRITILLARIA*

IM SPÄTEN FRÜHJAHR zeigen sich die Schachblumen, deren zarte Blüten sich im leisesten Windhauch wiegen. Ich habe sie zum ersten Mal auf einer Alpenwiese in Österreich gesehen, wo ihre zierlichen Köpfe fast im Gras verschwanden. Setzen Sie die Zwiebeln in kleine Gruppen ins Gras und gruppieren Sie Schatten liebende Sorten als ungewöhnliche Zierde unter Bäumen. Schachblumen wirken auch sehr gut in Töpfen oder Hochbeeten, wo man die Blüten besser aus der Nähe sehen kann – verwenden Sie ein sandiges Substrat.

Laternenförmige Blüte mit dekorativem Muster

KLEINKARIERT
Fritillaria meleagris wird wegen ihrer karierten Blüten auch Schachbrettblume genannt. Diese Art ist fast überall erhältlich.

◄ BLÜTENGRÖSSE
4,5 cm lang

Schlanke Stängel stützen die hängenden Blüten

SCHATTENGEWÄCHS
Fritillaria pallidiflora trägt Gruppen grün-cremiger Blüten, die Leben in ein eher langweiliges Eck des Gartens bringen.

GLAMOURÖS
Die eleganten Blüten der *Fritillaria camschatcensis* in kräftigem, tiefem Violett geben der Rabatte einen Hauch von Glamour.

FRÜHLINGSGLOCKEN
Die glockenförmigen Blüten der *Fritillaria acmopetala* hängen an gebogenen Stängeln, schwingend beim leichtesten Windhauch.

FRITILLARIA-ARTEN IM GARTEN

PFLANZENPROFILE

Winterharte Zwiebeln, die jedes Jahr wieder blühen.

- GRÖSSE Meist 35–45 cm. *Fritillaria imperialis* bis zu 1,5 m.
- BLÜTENFARBEN Rot, orange, gelb, violett, flieder, rosa, weiß, creme, braun.
- BLÜTE Späteres Frühjahr.
- STANDORT Gut dränierter, aber feuchter Boden, Sonne oder Halbschatten.

Pflanzen Die Pflanztiefe richtet sich nach der Größe der Zwiebeln, üblich sind 10 cm. Die Zwiebeln lassen sich nicht gut lagern, pflanzen Sie sie sofort nach dem Kauf. Sie mögen keinen zu feuchten Boden, besonders nach dem Blühen, arbeiten Sie also beim Pflanzen reichlich Grobsand ein. Pflanzen Sie *Fritillaria* in die Nähe von Sträuchern, sodass sie zwar deren Schutz genießen, aber nicht überdeckt werden.

Teilung Wenn die Ballen sehr dicht werden, graben Sie sie im Herbst aus und teilen Sie die Brutzwiebeln ab.

Pflege *Fritillaria* werden nicht gern versetzt. Wenn ihnen ein nahe gelegener Strauch zu übermächtig wird, sollten Sie eher den Strauch zurückschneiden. Müssen Sie sie doch verpflanzen, tun Sie es, wenn die Blätter abgestorben sind, und nehmen Sie viel Erde mit.

Verwildern Werfen Sie die Zwiebeln sanft im Gras aus und pflanzen Sie sie, wo sie hinfallen, sodass eine natürlich wirkende Zufälligkeit entsteht. Lassen Sie die Blätter nach der Blüte absterben (was einige Wochen dauern kann), bevor Sie das Gras mähen.

Meine Lieblingssorten *Fritillaria affinis, F. camschatcensis, F. involucrata, F. meleagris alba, F. messanensis: F. m.* ssp. *gracilis, F. michailovskyi, F. pallidiflora, F. pontica, F. pyrenaica.* Zum Verwildern bei feuchtem Boden eignet sich *F. uva-vulpis, F. meleagris* für trockene Plätze. Pflanzen Sie *F. meleagris* unter Sträucher wie Berberitze, Ahorn oder Hartriegel oder zwischen Primeln, Schlüsselblumen und Sternhyazinthen. Mit kleinen gelben Tulpen, *Anemone nemorosa* und *A. blanda* sehen sie gut aus. Ich habe sie auch in Töpfen mit sandigem Substrat unter permanenten Pflanzen wie Sträuchern gezogen.

BLUMENWIESE
Im Frühling wirken natürliche Tuffs von Schachblumen im Gras besonders gut. Damit die Zwiebeln genügend Nährstoffe bekommen, mähen Sie die Blumenwiesen erst, wenn die Blätter abgestorben sind.

BLÜTENGRÖSSE ►
2 cm Durchmesser

KÄLTEEMPFINDLICH
Die braunvioletten Blüten der *Fritillaria michailovskyi* zeigen ein leichtes Schachbrettmuster und einen gelben Rand. Im Gegensatz zur winterharten Schachblume brauchen sie in kalten Wintern Schutz.

Zum Verwildern von Zwiebeln auf kleiner Fläche können Sie den Zwiebelpflanzer benutzen. Oft ist es leichter, Rasenstücke 10 cm tief auszuheben, zu düngen, die Zwiebeln ein- und den Rasen wieder darüberzusetzen und gut zu wässern. Die Zwiebeln ungleichmäßig verteilen – gerade Linien vermeiden!

Ziertabak *NICOTIANA*

BEI MEINER VORLIEBE für duftende Blumen mag ich jene Ziertabak-Sorten besonders gern, deren Duft in der Dämmerung, wenn die Farben des Gartens langsam verblassen, die Luft erfüllt. Diese nicht frostharten Einjährigen sind sehr pflegeleicht und passen hervorragend in Rabatten oder Kübel. Sie gedeihen in der Sonne wie im Halbschatten und blühen oft den ganzen Sommer über bis in den Herbst hinein. Die robusten Pflanzen halten extremes Wetter aus. Nach einem Kälteeinbruch oder heftigen Regenguss erholen sie sich schnell.

DUFTREIZ *links*
Die elegante *Nicotiana alata* hat lange, trompetenförmige Blüten an hohen Stängeln, doch ihr eigentlicher Reiz ist der Duft.

LACHSROSA *oben*
Wenn ich als Kind Rosa tragen musste, schmollte ich, aber bei 'Salmon Pink' aus der Domino-Reihe mag ich diese Farbe sehr. Besonders eindrucksvoll wirken sie eng gepflanzt im Kübel.

ZIERTABAK IM GARTEN

PFLANZENPROFIL

Nicht frostharte Einjährige.

- GRÖSSE Meist 25–35 cm. *Nicotiana alata* und *N. sylvestris* werden bis zu 1,5 m hoch.
- BLÜTENFARBE Rot, gelb, grün, violett, flieder, rosa, weiß, creme.
- BLÜTE Ganzer Sommer.
- STANDORT Feuchter, gut gedüngter Boden, wächst aber fast überall, in voller Sonne oder im Halbschatten.

Aussaat Im Gewächshaus oder in einem beheizten Anzuchtkasten ist Ziertabak leicht anzuziehen. Säen Sie sie im zeitigen Frühjahr und pflanzen Sie sie später, nach dem letzten Frost, aus.

Gefäße Kübel, Töpfe und Kästen sehen dicht mit Ziertabak bepflanzt hervorragend aus. Wenn sie duftende Sorten in die Nähe von offenen Fenstern stellen, können Sie den Duft auch im Haus genießen.

Mein Tipp Die Stängel und Blätter dieser Pflanze fühlen sich unangenehm, fast klebrig an.

Überwintern In kälteren Klimazonen können die Pflanzen überwintern, wenn Sie sie vor dem ersten Herbstfrost zurückschneiden und kräftig mulchen. Allerdings ist der Erfolg nicht garantiert, und da das Anziehen neuer Pflanzen so leicht ist, lohnt sich die Mühe kaum.

Meine Lieblingssorten Domino-Reihe 'Salmon Pink', *Nicotiana alata grandiflora* 'Fragrant Cloud', 'Havana-Mischung', 'Havana Appleblossom', 'Lime Green'. Stark duftende Sorten sind *N. alata*, 'Domino Mixed', 'Sensation Mixed', *N. sylvestris* oder die Zwergsorte 'White Bedder'.

Ziertabak sollte eigentlich in Gruppen oder Tuffs gepflanzt werden, doch die hochwachsende Nicotiana sylvestris *mit ihren duftenden Kerzen aus weißen Blüten wirkt so kräftig, dass sie auch einzeln bei anderen Blumen stehen kann. Die Blüten schließen sich bei Sonnenhitze und strömen erst gegen Abend wieder ihren berauschenden Duft aus.*

ZITRUSFARBEN
Wie viele Einjährige eignet sich Ziertabak als Lückenfüller zwischen anderen Pflanzen. Hier wirken *Nicotiana* 'Lime Green' *(s. auch unten)* in einer Bepflanzung mit Hundskamille (*Anthemis tinctoria*) sehr schön. Manche neuen Ziertabaksorten sind in ungewöhnlichen Farben erhältlich und regen zu Experimenten an.

INTENSIVER DUFT
Nicotiana sylvestris überragt andere Ziertabaksorten um Haupteslänge und duftet besonders stark.

MAGISCH *rechts*
Ich habe erst einige Jahre überlegt, bevor ich die außergewöhnliche Sorte 'Lime Green' pflanzte, aber heute bewundere ich ihre seltene Farbe, die in der Dämmerung magisch zu leuchten scheint.

Narzisse *NARCISSUS*

BLÜTENGRÖSSE ▶
12 cm Durchmesser

DIE LEUCHTENDEN, TANZENDEN KÖPFE der Narzissen sind ein sehnlichst erwartetes Anzeichen des Frühlings. Es gibt sie in so vielen verschiedenen Farben und Größen, dass Sie mit Sicherheit eine Narzisse finden, die Ihnen gefällt. Frische Zwiebeln bringen jedes Jahr kräftige Gelbtöne in Beete und Vasen. Sie können die Pflanzen über Jahre hinweg in Rabatten oder verwildert im Gras blühen lassen. Wo immer Sie Narzissen pflanzen, sollten Sie sie in Gruppen setzen – nichts wirkt verlassener als ein einsam dastehender Frühlingsbote!

GELBE ZWERGE
Pflanzen Sie Zwergnarzissen wie 'Minnow' an weniger geschützte Stellen, wo der Wind höhere Stängel abbrechen könnte.

UNGEWÖHNLICH GROSS
Wie alle großen Narzissen hat 'Bravoure' einen Nachteil – die absterbenden Blätter sehen nicht gut aus. Zwischen Stauden sind sie leicht zu verbergen.

FRÜHLING PUR
Zwischen den rosavioletten Blüten und den hübsch getupften Blättern des Lungenkrauts und den sternförmigen violetten Anemonen verleihen die klassisch gelben Blüten der 'February Gold' dem ganzen Garten einen warmen, sonnigen Glanz. Diese mittelgroßen Narzissen lassen sich besonders gut mit eher kleinen Stauden kombinieren.

NARZISSEN IM GARTEN

PFLANZENPROFIL

Winterharte Zwiebeln, die jedes Jahr wieder blühen.

- GRÖSSE Meist 15–50 cm. Zwergformen können auch nur 7,5 cm hoch werden.
- BLÜTENFARBEN Gelb, orange, weiß, creme, rosa.
- BLÜTE Spätwinter bis Mitte des Frühjahrs.
- STANDORT Fruchtbarer, relativ humoser Boden, volle Sonne oder lichter Schatten.

Pflanzen Pflanzen Sie im Herbst auf etwa dreimal so tief wie die Zwiebel hoch ist.

Teilung Teilen Sie zu dicht gewordene Zwiebeln, wenn nötig (in der Regel alle drei bis vier Jahre).

Pflege Bei Trockenheit regelmäßig gießen, im Frühjahr und Sommer düngen und ältere Knollen teilen.

Nach der Blüte Entfernen Sie die Blüten, sobald sie verwelkt sind, aber lassen Sie die Blätter mindestens noch sechs Wochen stehen.

Mein Tipp Teilen Sie Narzissen, wenn Sie »blind« werden (gesunde Blätter, aber kaum Blüten entwickeln),und setzen Sie sie neu. Düngen Sie die ganze Wachstumsperiode über mit Blattdünger und Granulat.

Meine Lieblingssorten 'Actaea', 'Baby Moon', 'Barrett Browning', 'Bravoure', *Narcissus bulbocodium, Canaliculatus, N. cyclamineus*, 'February Silver', 'Geranium', 'Golden Bells', 'Hawera', 'Ice Wings', 'Jack Snipe', 'Martinette', 'Minnow', 'Mount Hood', *N. poeticus* var. *recurvus*, 'Sweet Charity', 'Tête-à-tête', 'Thalia'.

Wenn Sie Zwiebeln in Teichkörbe setzen, können Sie die absterbenden Blätter leicht aus dem Beet entfernen.

VOM WINDE VERWEHT
Die nach hinten liegenden Blütenblätter der gelben 'Jack Snipe' erinnern an eine frische Brise.

ALPENGOLD
Für eine kleine Bepflanzung im Alpenstil gefällt mir besonders *Narcissus bulbocodium* mit ihren reifrockförmigen Blüten.

SÜSSER DUFT
Ich bewundere den starken, süßen Duft der 'Geranium'. Als Dreingabe bringt jeder Stängel bis zu sechs Blüten hervor.

FEINE BORDE
Die gelben tassenförmigen Trompeten der 'Canaliculatus' fallen mit ihren zurückgeschlagenen Blütenblättern besonders auf.

ALTE BEKANNTE
Mit einem Tuff voll klassisch gelber 'Carlton' zaubern Sie schnell eine goldene Pracht aus Osterglocken.

WOHLGEFORMT
Die höher wachsende 'Mount Hood' entwickelt im späteren Frühjahr wohlgeformte cremeweiße Blüten mit weiten Trompeten.

GOLDBORDE
Eine meiner Lieblingssorten, 'Barrett Browning', hat goldgelbe, mit einer feinen orangefarbenen Borde eingefasste Trompeten.

Blumen mit Gesicht

EINIGE BLUMEN SIND SO AUSDRUCKSSTARK, DASS SIE DEM Begriff »Pflanzengesellschaft« eine ganz neue Bedeutung geben, und meist werden Sie von ihnen freundlich empfangen: Clematis, die von Gittern und Bögen zu Ihnen hinunterlächelt, hübsche Storchschnäbel, die Sie an einen schattigen Platz einladen, süße Cistrosen und fröhlicher Mohn, die Sie lieber in ein sonniges Eckchen locken wollen. Auch wenn Veilchen und Stiefmütterchen – die bekanntesten und beliebtesten Blumen – trotz unschuldig großer Augen und einem breiten Grinsen durch die finster gerunzelte Stirn etwas verstimmt wirken, sind sie Ihnen wohlgesonnen.

Wenn Sie einen meiner hier aufgeführten Lieblinge pflanzen, finden Sie immer jemand, der Sie begrüßt, wenn Sie in den Garten kommen. Im Gegensatz zu Familie und Nachbarn widersprechen diese Pflanzen im Allgemeinen nicht!

»Feurig prächtige Blüten, dünn wie Seidenpapier, machen den allseits beliebten Mohn zu einem höchst edlen Gewächs.«

MOHNBLUMEN, SEITEN 110–111

Links MOHNBLUMEN (S. 110–111), UNWIDERSTEHLICH SCHLICHT UND ELEGANT.

Anemone *Anemone*

Anemonen könnten nicht gegensätzlicher sein: Manche, z.B. *Anemone blanda*, wirken schlicht und einfach wie Gänseblümchen, andere, etwa *A. coronaria*, glänzen als auffallende Schönheiten in kräftigen Farben. Viele Anemonen wachsen aus Knollen oder haben dicke, fleischige Wurzeln, so genannte Rhizome. Pflanzen Sie sie in Gruppen oder kleinen Tuffs – allein gepflanzt sehen sie etwas verloren aus.

Anemonen im Garten

Pflanzenprofil

Winterharte Stauden.

- GRÖSSE Meist 15–30 cm.
- BLÜTENFARBEN Rot, blau, violett, flieder, rosa, weiß, creme.
- BLÜTE Meist zeitiges bis späteres Frühjahr.
- STANDORT Gut dränierter Boden, volle Sonne (*A.* × *fulgens*- und *A. coronaria*-Sorten) oder Halbschatten (*A. nemorosa* und *A. ranunculoides*.

Pflanzen Lassen Sie sich von den vertrocknet aussehenden Knollen der Anemonen nicht abschrecken – trotz ihres jämmerlichen Aussehens bringen sie Pflanzen hervor! Weichen Sie die Knollen vor dem Pflanzen für einige Stunden, z.B. über Nacht, in warmem (nicht heißem!) Wasser ein. Sie schwellen an und produzieren mit höherer Wahrscheinlichkeit gesunde, kräftige Pflanzen. Lassen Sie die Knollen nie länger als 24 Stunden einweichen, und pflanzen Sie sie, sobald Sie sie aus dem Wasser genommen haben, ca. 4–5 cm tief.

Teilung Teilen Sie Brutknollen ab, bzw. teilen Sie die Rhizomballen im Spätsommer oder Frühherbst.

Ausbreitung Die Waldanemonen *A. blanda* und *A. nemorosa* eignen sich gut zum Verwildern unter Sträuchern und Bäumen. Pflanzen Sie sie in zufälliger Anordnung.

Meine Lieblingssorten *Anemone blanda:* 'Ingramii', 'Radar', 'White Splendour', *A. coronaria* De Caen-Gruppe 'Mister Fokker' und 'The Bride', *A.c.* St. Brigid-Gruppe 'Lord Lieutenant', *A.* × *fulgens*, *A. nemorosa:* 'Allenii', 'Robinsoniana', *A. ranunculoides*, *A. rivularis*. Die *A. coronaria* der De Caen- und St. Brigid-Gruppen sind schöne Schnittblumen.

Edle Farbschattierungen
Es gibt viele De Caen- und St. Brigid-Sorten in Farben wie Edelsteine. Sie sind wunderbare Schnittblumen.

◄ Blütengrösse
8 cm Durchmesser

Lange Blütezeit
An einem geschützten Platz blüht *Anemone coronaria* über etliche Frühlingswochen hinweg. Gießen Sie sie während des Sommers nicht.

Anemone nemorosa *lässt sich leicht unter Sträuchern oder Bäumen verwildern. Wählen Sie Standorte mit wenig Gras, damit Sie die Blätter nicht mit abmähen .*

•

Wenn Sie später blühende Anemonen wünschen, pflanzen Sie die hochwachsenden, Ballen bildenden Herbstanemonen (siehe S. 156 f.). Sie blühen von Spätsommer bis Herbst.

Zarter Hauch
Die inneren Blütenblätter von *Anemone coronaria* De Caen-Gruppe 'The Bride' sind zum gelbgrünen Zentrum hin leicht limonengrün angehaucht.

Kleine Schönheiten
Obwohl sie eher klein sind, hat jede magentarote Blüte der *Anemone blanda* 'Radar' ein weißes »Auge« im Zentrum, das einen direkt anzuschauen scheint.

Mohn *PAPAVER*

FEURIG PRÄCHTIGE BLÜTEN, fein wie Seidenpapier, machen den allseits beliebten Mohn zu einem höchst edlen Gewächs. Zwar sind die einzelnen Blüten kurzlebig, doch entwickeln sie sich im Sommer in solchen Mengen, dass sie konstant für umwerfende Farbpunkte sorgen. Der einfache Klatschmohn ist einjährig und sehr pflegeleicht. Er braucht nur Sonne. Die üppigeren Türkenmohnsorten sind Varianten des ausdauernden *Papaver orientale* und blühen jahrelang.

FEURIGE MISCHUNG
Islandmohn, wie *Papaver nudicaule* 'Champagne Bubbles', wird oft in einer Mischung von gelb und orange angeboten und duftet manchmal auch.

SAMT UND SEIDE
Der scharfe Kontrast zwischen dem rot-schwarzen Zentrum und den papierweißen Blütenblättern des *Papaver orientale* 'Black and White' wirkt gut: Es sind wirklich einmalige Blüten.

ZARTES ROSA
Die rosa Blüten des *Papaver orientale* 'Cedric Morris' sehen vor den graugrünen Blättern so zart und leicht wie ein Windhauch aus. *P. orientale* kann gleich nach der Blüte geteilt werden.

LEICHT UND LOCKER
Papaver rhoeas 'Mother of Pearl' ist mit dem Klatschmohn verwandt und erinnert an zarte Feenflügel. Diese Sorten sind leicht aus Samen zu ziehen und samen oft selbst aus.

MOHNBLUMEN IM GARTEN

PFLANZENPROFIL

Einjährige und Stauden. Manche kurzlebigen Stauden sollten als Einjährige behandelt werden.

- GRÖSSE Meist 45–90 cm.
- BLÜTENFARBEN Rot, orange, gelb, violett, rosa, weiß.
- BLÜTE Den ganzen Sommer.
- STANDORT Gut dränierter Boden, volle Sonne.

Pflanzen Mohnstauden sollten beim Pflanzen und jedes Frühjahr einen Kompostmulch erhalten.

Aussaat Ziehen Sie Stauden gegen Ende des Herbstes oder im zeitigen Frühjahr aus Samen in Töpfen im Frühbeet. Einjähriger Mohn kann kaum verpflanzt werden, außer *Papaver nudicaule* stirbt er ab, wenn Sie es versuchen. Säen Sie also gleich an den richtigen Standort.

Ausbreitung Mohn vermehrt sich stark durch Selbstaussaat, achten Sie also auf Sämlinge bei der Mutterpflanze und behalten Sie einige davon, auch wenn sie nicht am »idealen« Platz wachsen.

Pflege Wenn Sie die verwelkten Blüten entfernen, sobald die Blätter abfallen, blühen die Pflanzen länger.

Meine Lieblingssorten
Einjährige: *Papaver commutatum* 'Ladybird', *P. rhoeas, P. somniferum*. Kurzlebige Stauden und Einjährige: *P. nudicaule* 'Champagne Bubbles', *P.n.* 'Red Sails'.Stauden: *P. orientale*: 'Allegro viva', 'Beauty Queen', 'Curlilocks', 'Mrs. Perry', 'Perry's White', 'Picotée'.

Die dekorativen Samenkapseln sehen sowohl an der Mohnpflanze als auch in Trockengestecken sehr gut aus.

◄ BLÜTENGRÖSSE
7,5 cm Durchmesser

Feine Farbabstufungen innerhalb der Blüte

LEUCHTEND
Die scharlachroten, tassenförmigen Blüten des *Papaver orientale* erleuchten vom späten Frühjahr bis zum Hochsommer jeden sonnigen Platz. Selbst ihr dunkles »Gesicht« wirkt nicht finster.

ROT UND SCHWARZ *links*
Die unverwechselbaren Blütenmuster des *Papaver commutatum* 'Ladybird' erinnern an den klassischen Flämischen Mohn, der im ländlichen Nordfrankreich wild wächst.

HINREISSENDE IMPRESSIONEN *rechts*
Mohn wirkt besonders träumerisch, wenn er in größeren Tuffs gepflanzt wird. Die einzelnen Blüten halten zwar nicht lange, aber sie entwickeln sich im Sommer in solcher Menge und sind so schön, dass ich immer einen Platz dafür finde.

Cistrose *CISTUS*

CISTROSEN GEHÖREN ZU DEN ZUVERLÄSSIGSTEN und schönsten Pflanzen, die in heißen, sonnigen Regionen in trockenem Boden wachsen – bei mildem Klima halten sie selbst salzigen Seewinden stand. Ihre seidenpapierartigen Blüten überdauern nicht mal einen Tag, doch entwickeln sie sich so zahlreich, dass die buschigen Pflanzen den ganzen Sommer über für ein leuchtend wogendes Blütenmeer sorgen. Um eine starke Wirkung zu erzielen, sollten Sie mehrere gleichartige Pflanzen zusammensetzen.

SEIDIGER GLANZ
Die zerbrechlich wirkenden Blüten vieler Cistrosen erinnern mich an zerknüllte Seide, ähnlich den Flügeln eines gerade geschlüpften Schmetterlings.

ZARTE PRACHT
Die Blüten der Cistrose welken schnell, doch es sind immer zahlreiche Knospen vorhanden, die ihren Platz einnehmen – wie bei dieser 'Silver Pink'.

BLÜTENGRÖSSE ►
5,5 cm Durchmesser

Knospen entwickeln sich in Gruppen und blühen einzeln auf

Cistrosen sind ideal für Kübel, besonders an sehr sonnigen Plätzen, wo andere Pflanzen unter der Trockenheit leiden.

•

Cistrosen sind hervorragende Bodendecker für trockene sonnige Flächen, wie z. B. die niedrigwachsenden Cistus × dansereaui *'Decumbens'.*

•

Schützen Sie Cistrosen vor kaltem, schneidendem Wind.

BLÜTENMEER *rechts*
Cistus (hier *Cistus × purpureus*) bilden zauberhafte, lockere Hügel, die sich ideal für den Rand leicht erhöhter Beete eignen.

Cistrosen im Garten

Pflanzenprofil

Ausdauernde Sträucher, nur an geschützten Standorten winterhart.

- GRÖSSE Meist 60–120 cm, manche bis zu 2,7 m.
- BLÜTENFARBEN Rosa, weiß, oft gefleckt.
- BLÜTE Spätes Frühjahr bis Hochsommer.
- STANDORT Sandiger, sehr gut dränierter Boden in voller Sonne.

Aussaat Säen Sie Pflanzen, die Sie im folgenden Frühjahr ins Freie setzen wollen, im Frühjahr in ein Frühbeet. Hybriden entwickeln sich nicht sortenecht aus Samen.

Pflanzen Im späteren Frühjahr. Geben Sie zusätzlich Sand zur Erde. Cistrosen lassen sich nicht gerne versetzen, suchen Sie also gleich beim ersten Mal den richtigen Platz.

Stecklinge Nehmen Sie im Hochsommer 7,5–10 cm lange halbreife Abrisssteckling von Seitentrieben ohne Blüte. Bewurzeln Sie sie in einem Anzuchtkasten bei 16 °C, decken Sie die Pflanzen im Winter ab und pflanzen Sie sie im Frühjahr.

Pflege Schneiden Sie ältere Cistrosen nur, wenn es notwendig ist. Junge Pflanzen können Sie etwas zurückschneiden, nachdem sie abgeblüht haben. So wachsen sie schön buschig. Ist eine ältere Pflanze einmal aufgeschossen, sollten Sie sie ersetzen.

Meine Lieblingssorten
Cistus × *aguilarii* 'Maculatus', *C.* × *cyprius, C.* × *dansereaui* 'Decumbens', *C.* × *hybridus, C. incanus* subsp. *creticus, C. ladinifer, C.* 'Peggy Sammons', *C.* × *pulverulentus* 'Sunset'.

STRAHLENDE SCHÖNE *rechts*
Wegen ihrer roten Punkte am Ansatz der weißen Blütenblätter erinnert mich *Cistus* × *dansereaui* 'Decumbens' an das Federkleid exotischer Vögel. Im Sommer zieht der Strauch alle bewundernden Blicke auf sich.

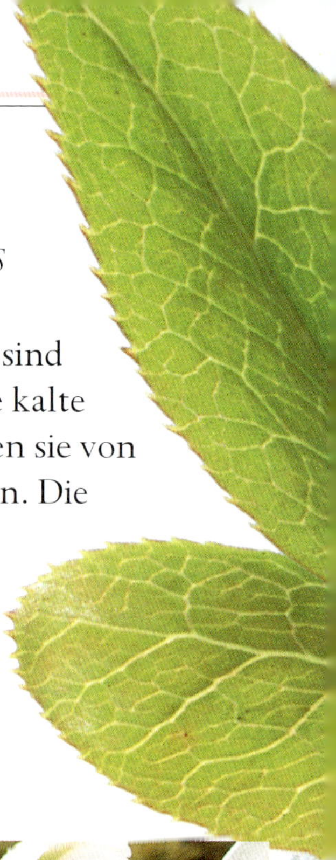

Christrose *HELLEBORUS*

WEGEN IHRER ZARTEN GLOCKENFÖRMIGEN Blüten sind Christrosen meine liebsten Pflanzen für die kalte Jahreszeit. Bei sorgfältiger Auswahl blühen sie von Winteranfang bis ins späte Frühjahr hinein. Die Pflanzen gedeihen bei Feuchtigkeit im Schatten und beleben durch ihre zauberhaft pittoresken Farbschattierungen dunkle Ecken des Gartens. Viele dieser winterharten Stauden haben zudem attraktive Blätter, die das ganze Jahr über die Blicke auf sich ziehen.

EINFACH HÜBSCH *oben*
Christrosen kreuzen sich so leicht, dass ihre Nachkommen keine offiziellen Namen bekommen – obwohl sie oft hübsch aussehen.

ROT GETUPFT *links*
Einige der attraktivsten Christrosen haben fein gesprenkelte Blütenblätter wie diese *Helleborus orientalis.*

EXTRAVAGANT
Ich mag die grün blühende *Helleborus cyclophyllus* nicht nur wegen ihres Duftes.

KLASSISCH WEISS
Die klassische *Helleborus niger* bringt schöne weiße Blüten hervor, oft mit einem leisen rosa Hauch.

CHRISTROSEN IM GARTEN

PFLANZENPROFIL

Winterharte Stauden.

- GRÖSSE 45–90 cm.
- BLÜTENFARBEN Grün, violett, flieder, rosa, weiß, creme, gelb. Manche sind kontrastreich gesprenkelt.
- BLÜTE Von Mitte Winter bis ins späte Frühjahr hinein.
- STANDORT Feuchter Boden im Halbschatten. Bereits angewachsene Pflanzen nehmen das Versetzen übel.

Boden Wenn sich auf Ihrem trockenen Boden das Wasser partout nicht halten lässt, werden Ihre Christrosen schlecht gedeihen. Geben Sie vor dem Pflanzen Reifkompost hinzu.

Aussaat Christrosen sind nicht sortenecht, weshalb Sie leicht aus den Samen Ihrer eigenen Blumen interessante Pflanzen ziehen können. Diese haben oft hübsche Farben und Zeichnungen. Säen Sie die reifen Samen im Frühsommer und pflanzen Sie sie in ein Frühbeet in sandiges Substrat. Nach drei Jahren blüht Ihre Pflanze.

Teilung Teilen Sie ausgewachsene Ballen im Herbst, lassen Sie aber viel Erde an den Wurzeln.

Pflege Halten Sie Christrosen bei trockenem Wetter gut feucht.

Mein Tipp Damit die Blüten gut zur Geltung kommen, schneiden Sie die Blätter der *H. orientalis* im Winter ab. Im Frühjahr wachsen neue Blätter.

Probleme Die Blattfleckenkrankheit kann großen Schaden anrichten. Entfernen Sie befallene Blätter und spritzen Sie ein Fungizid.

Meine Lieblingssorten *Helleborus* Ashwood Garden-Hybriden; *H. atrorubens; H. foetidus* 'Wester Flisk'; *H. lividus; H. niger:* 'Potter's Wheel'; *H. orientalis.* Mit ihren blassen, fast smaragdgrünen Blüten sieht *H. argutifolius* zwischen *Iris reticulata* hervorragend aus. Die gelblich grünen Blüten der *H. cyclophyllus* duften wunderbar. *H. orientalis* wirkt hübsch zwischen einer Gruppe Schneeglöckchen, vielleicht unter einem schönen Baum oder Strauch. Versuchen Sie eine Kombination aus *H. foetidus* und winterhartem Heidekraut.

Blütengrösse ►
6,5 cm Durchmesser

Facettenreich

Ein weiterer Beweis, dass es sich lohnt, die Christrosen-Keimlinge, die Sie im Garten finden, gut zu pflegen. Zwar dauert es einige Jahre, bis die Pflanzen Blüten hervorbringen, aber sie sind das Warten auf jeden Fall wert.

Violette Flecken auf rosa überhauchten Blütenblättern

Hervorstehende Staubgefäße gruppieren sich in der Mitte

Frühblühend *links*

Von Mitte Winter bis weit ins Frühjahr hinein zeigt *Helleborus orientalis* weiße, grünlich cremefarbene oder samtig violettrote Blüten. Schon vor der Blüte zieren die glänzend grünen Blätter dieser Ballen bildenden Christrose den Garten.

Christrosen sind auch üppige Schnittblumen, setzen Sie also ein paar zusätzliche Pflanzen für die Vase. Ich empfehle Helleborus argutifolius, H. atrorubens, H. foetidus *(Blätter nicht zerdrücken, da sie sonst unangenehm riechen) und* H. niger.

•

Helleborus foetidus *eignet sich ideal für sehr schattige Standorte.*

Veilchen und Stiefmütterchen *VIOLA*

DUNKEL GEFÄRBT
Unter begeisterten Gärtnern wird oft viel Aufhebens um »schwarze« Blüten gemacht – pflanzen Sie *Viola* 'Molly Sanderson', und Sie werden verstehen, warum.

VIELLEICHT IST ES die Leuchtkraft ihrer satten Farbigkeit, die Veilchen und Stiefmütterchen – manche erinnern mich an fröhliche, gar spitzbübische Gesichter – so attraktiv machen. Aber ich bin sicher, dass sie auch wegen ihrer Anspruchslosigkeit beliebt sind. Sie blühen oft den ganzen Sommer über, die winterblühenden Varianten bis weit ins Frühjahr und unter besonders günstigen Bedingungen sogar noch in den Sommer hinein.

STARKE TÖNUNG
Viola cornuta 'Purple Duet' bildet ein interessantes Farbmuster aus zwei Malvetönen, die ihr gelbes Zentrum zur Geltung bringen.

FARBVERLAUF
Nicht alle Stiefmütterchen haben scharf begrenzte Zeichnungen: Die Blüten von *Viola cornuta* 'Blueberry Cream' zeigen abgestufte Farbtöne.

EXAKTE STRICHFÜHRUNG *oben und unten*
Viele Stiefmütterchen zeigen diese Pollenlinien, die wie die Schnurrhaare einer Katze aussehen.

SATTE FARBEN *oben*
Viele Stiefmütterchen haben mehrere Farben. Hier wirken *Viola × wittrockiana* wie Buntglasfenster.

◄ BLÜTENGRÖSSE
2 cm Durchmesser

VEILCHEN UND STIEFMÜTTERCHEN IM GARTEN

PLANZENPROFIL

Einjährige oder Stauden, im Sommer oder im Winter blühend. Winterhart.

- GRÖSSE 5–30 cm.
- BLÜTENFARBEN Rot, orange, gelb, blau, violett, rosa, weiß, creme, braun.
- BLÜTE Je nach Sorte im Frühjahr, Sommer oder Winter.
- STANDORT Gut dränierter Boden in lichtem Schatten.

Boden Veilchen und Stiefmütterchen gedeihen fast in jedem, außer in schwerem Lehmboden, sie ziehen aber gut dränierte Plätze vor.

Standort Ein leicht schattiger Platz eignet sich am besten, doch sie gedeihen ebenso gut in voller Sonne. Wenn sie zu dunkel stehen, werden die Pflanzen höher und unförmig.

Aussaat Sie sind leicht aus Samen zu ziehen, und die Auswahl ist riesig. Die Samen sollten im Sommer im Frühbeet oder an einem schattigen, vor Vögeln geschützten Ort leicht keimen.

Pflege Durch regelmäßiges Ausputzen sorgen Sie für zahlreiche neue Blüten über einen langen Zeitraum hinweg. Wenn Sie Pflanzen aus Samen ziehen wollen, lassen Sie einen oder zwei Samenstände ausreifen. Wenn die Pflanzen aufschießen, schneiden Sie sie im Spätsommer mit der Schere kurz. So wachsen sie dichter nach und blühen besser.

Meine Lieblingssorten *Viola canina; V. cornuta:* 'Blueberry Cream', 'Sorbet Blueberry Duet', 'Sorbet Purple Duet', *V.c.* var. *minor* 'Molly Sanderson', *V. tricolor:* 'Bowles' Black', *V.* × *wittrockiana* Forerunner-Serie.

Veilchen und Stiefmütterchen sind überall in Paletten erhältlich, sodass Sie schnell Farbakzente setzen können.

Scharf kontrastierende Farbflecken bilden das »Gesicht«

ALTBEWÄHRT
Im Winter wie im Sommer sorgen Stiefmütterchen – hier *Viola* × *wittrockiana* 'Turbo Red' (*oben*), 'White Blotch' (*unten*) und 'Violet Blotch' (*rechts*) – für schöne Farben.

Violette Zeichnung in Form eines Schmetterlings

Das Zentrum ist mit feinem Flaum bedeckt

◄ BLÜTENGRÖSSE
5 cm Durchmesser

Clematis *CLEMATIS*

SIE SIND PFLEGELEICHT, VIELSEITIG und unglaublich hübsch – kein Wunder also, dass Clematis die beliebtesten blühenden Kletterpflanzen sind. Wenn sie an Wänden und Zäunen hochranken, sehen sie wunderbar aus, aber ich pflanze sie, damit sie sich um Bäume, Sträucher oder andere Kletterpflanzen winden – manchmal sogar als Boden deckenden Farbteppich. Die großblütigen Sorten blühen im Sommer, aber durch sorgfältige Auswahl können Sie mit Clematis fast das ganze Jahr über farbige Akzente setzen.

GRAZIÖS
Vom späten Frühjahr bis in den Frühsommer sind die blauvioletten Blüten und cremefarbenen Staubbeutel der 'H. F. Young' kaum zu übersehen. Wie bei anderen Sorten dieser Jahreszeit sorgt rechtzeitiges Ausputzen für eine zweite, spätere Blüte.

KRÄFTIGE FARBE
Die zuverlässige, reich blühende Sorte 'The President' hat von Frühsommer bis Frühherbst große, kräftig violette Blüten.

VORNEHME BLÄSSE
Die frühblühende 'Bees' Jubilee' bevorzugt Halbschatten. Die Blütenfarbe verblasst mit der Zeit oder an zu sonnigen Standorten.

RUNDE FORM
Setzen Sie 'Ville de Lyon' zu immergrünen Sträuchern. Karminrote Blüten zeigen sich im Hochsommer.

CLEMATIS IM GARTEN

PFLANZENPROFIL

Winterharte Staude.

- GRÖSSE Meist 2,4–6 m.
- BLÜTENFARBEN Rot, gelb, blau, violett, flieder, rosa, weiß, creme.
- BLÜTE Meist Frühjahr bis Spätsommer, je nach Sorte.
- STANDORT Sonne oder Halbschatten (Pflanzenbasis immer im Schatten). Neutraler, lehmiger Boden ist ideal, aber sie gedeihen auch in kalkhaltiger Erde.

Pflanzen Den Wurzelhals 10–15 cm tief unter die Oberfläche setzen. Dadurch, und durch eine Abdeckung aus Steinen, bleiben die Wurzeln kühl.

Stecklinge Schneiden Sie halbreife Stecklinge im Hochsommer, 10–12 cm lang, mit mindestens zwei Knospen am Ansatz. Zum Bewurzeln brauchen sie einen Anzuchtkasten mit 15–18 °C.

Pflege Sehr unterschiedlich. Kleinblühende Frühsorten wie *C. montana* schneiden Sie nur zurück, wenn sie zu groß werden. Großblumige nach der Blüte im Spätfrühjahr/Frühsommer. Entfernen Sie schwaches und totes Holz und schneiden Sie die Stängel auf gesunde Knospen zurück. Clematis, die im Spätsommer und Herbst blühen, schneiden Sie im sehr zeitigen Frühjahr auf etwa 25 cm über dem Boden zurück.

Meine Lieblingssorten
Clematis alpina 'Pink Flamingo', *C.a.* Ruby, *C. armandii*, 'Blue Belle', *C. cirrhosa* 'Freckles', *C. florida* 'Sieboldii', 'Gypsy Queen', 'Hagley Hybrid', 'Henryi', 'Marie Boisselot', *C. montana* 'Elizabeth', *C.m.* var. *rubens*, 'Nelly Moser'.

Clematis sehen natürlicher aus, wenn sie sich um Bäume, Sträucher oder Hecken winden. Auch die Hauptpflanze wirkt dadurch interessanter. Leiten Sie die Stängel anfangs mit Stützen oder Gittern zum Stamm, dann wächst die Clematis wie sie will.

Rankende Laubstängel finden schnell Halt

BLÜTENGRÖSSE ►
7,5–10 cm
Durchmesser

MAKELLOS *oben*
Schöne glänzend weiße Blüten bedecken 'Miss Bateman' im Frühsommer. Wie viele der großblütigen Hybriden blüht sie im Frühherbst oft ein zweites Mal.

MÄRCHENHAFT *links*
Ältere Clematis werden an der Basis oft kahl. Ein davor gepflanzter kleiner Strauch verdeckt diesen Makel und spendet den Wurzeln an sonnigen Standorten Schatten – wie ihn die Clematis braucht.

Storchschnabel *GERANIUM*

DIE UNAUFDRINGLICHE SCHÖNHEIT des Storchschnabels wirkt auf mich, als sei er von der Beliebtheit, derer er sich erfreut, ein wenig überrascht. Aber nur wenige Pflanzen können so viele Pluspunkte aufweisen: Storchschnabel wertet fast jeden Platz auf. Er verträgt sich gut mit anderen Pflanzen, er unterstreicht deren Schönheit und blüht unermüdlich Monat für Monat. Außerdem hat er schön geformte Blätter, die sich in dekoratives Herbstlaub wandeln. Pflanzen Sie ihn dort, wo Sie diesen jahreszeitlichen Farbwechsel beobachten können.

Verwelkte Blüten sehen wie ein Storchschnabel aus, daher der Name

TRANSPARENT
Die violetten Blütenblätter des *Geranium himalayense* 'Gravetye' scheinen zu leuchten, wenn die Sonne hinter ihnen steht: Neben gelben Blumen wirken sie fantastisch.

KLARE ZEICHNUNG
Die mit dem Laub kontrastierenden, fast durchscheinenden rosa-violetten Blüten von 'Salome' sind charakteristisch dunkelviolett gezeichnet.

SEIDIG
Geranium phaeum ist eine schöne Pflanze für Schattenplätze. Ihre Blütenblätter sind so fein wie aus Seide geschnitten. Die Staubgefäße erregen Aufmerksamkeit.

SILBRIG
Weißblühende Sorten wie dieser *Geranium phaeum* 'Album' wirken auffällig vor den silberweiß geflammten Blättern von *Lamium maculatum* 'Beacon Silver' oder 'White Nancy'.

GUTE NACHBARSCHAFT
Violett blühende Storchschnäbel passen zu rosa Rosen – hier *Geranium × magnificum* mit *Rosa* 'Fantin-Latour'. So werden die unten oft kahlen Rosenstängel verdeckt.

STORCHSCHNABEL IM GARTEN

PFLANZENPROFIL

Winterharte Stauden.

- GRÖSSE 15–105 cm.
- BLÜTENFARBEN Weiß, rosa, violett, flieder, blau.
- BLÜTE Frühsommer bis Spätherbst.
- STANDORT Manche gedeihen gut in vollem Schatten, doch die meisten ziehen Halbschatten vor. Außer Gebirgsstorchschnäbeln, die gut dränierten Boden brauchen, sind sie anspruchslos.

Stütze Unterstützen Sie höher wachsende Sorten mit Zweigen.

Pflege Wenn Sie nach der Blüte zurückschneiden, fördern Sie einen buschigen Wuchs und eine zweite Blüte.

Teilung Teilen Sie ältere Ballen am Ende des Sommers oder im Frühjahr.

Stecklinge Schneiden Sie Wurzelstecklinge von *Geranium pratense* und *G. sanguineum*. Beide haben dicke Wurzeln.

Aussaat Arten fallen echt aus. Säen Sie im Frühjahr ins Frühbeet und pflanzen Sie im Herbst aus.

Meine Lieblingssorten 'Ann Folkard', *Geranium cinereum* 'Ballerina', *G. racile*, *G. × oxonianum* 'Wargrave Pink', *G. pratense* f. *albiflorum*, 'Salome', *G. sanguineum*, *G. sylvaticum* 'Album'. Als Einfassung einer größeren Rabatte eignet sich 'Johnson's Blue' mit kompakter Hügelform und blauen Blüten. *G. × oxonianum* 'Walter's Gift' und *G. phaeum* 'Samobor' haben schöne Blätter. Die magenta-violetten Blüten des *G. psilostemon* passen zu Butterblumen.

Niedrigwachsende, kompakte Storchschnäbel wie Geranium clarkei 'Kashmir White' eignen sich als lockere Einfassung.

Bei genauem Hinsehen entdecken Sie die Linien, die Insekten zum Blütenstaub locken

◄ BLÜTENGRÖSSE 3 cm Durchmesser

Die Stängel sollten gestützt werden. Für diese einfachen Pflanzen eignen sich Zweige.

ZARTROSA HAUCH

Die lavendelrosa Blüten des *Geranium maculatum* 'Chatto' bringen Farbe in die halbschattigen Ecken, die er bevorzugt. Höhere Storchschnäbel wie dieser sollten gestützt werden, da sie im Schatten meist stärker wachsen.

TEIL DREI

RICHTIG PFLANZEN

Der richtige Ort für die Pflanzen

SIE SOLLTEN PFLANZEN nach den Bedingungen auswählen, die Sie ihnen bieten können. Am besten und ohne großen Aufwand wachsen sie dort, wo sie sich wohlfühlen. Hierbei können Sie etwas nachhelfen, indem Sie organische Substanz zur Unterstützung der Bodenfeuchte einbringen. Mit Sand können Sie die Dränierung in Beeten und Pflanzlöchern verbessern, und mit großblättrigen Sträuchern einen Sonnenschutz für Schatten liebende Blumen pflanzen. Wenn Sie sorgfältig genug arbeiten, können Sie den Standort an die Bedürfnisse der Pflanze anpassen. Bedenken Sie aber, dass eine Pflanze in »künstlicher« Umgebung mehr Pflege braucht.

DEZENTE FARBIGKEIT
Die Auswahl an Blütenpflanzen für den Schatten ist nicht groß, aber Sie können die Wirkung steigern: Hier betonen die weißgefleckten Blätter der Schatten liebenden Funkie blasse Elfenblumen.

GARTEN-CHECKLISTE

Vergleichen Sie vor dem Kauf immer die Bedürfnisse einer Pflanze mit dem, was Ihr Garten zu bieten hat. In der Gärtnerei sollten die Pflanzen so beschriftet sein, dass Sie alles erfahren, was Sie wissen müssen. Fragen Sie im Zweifelsfall nach. Achten Sie auf folgende Punkte:

1 pH-Wert oder Säuregehalt des Bodens: Einige Pflanzen vertragen keine Säure.

2 Lichtbedarf: Im Schatten blühen sonnenliebende Pflanzen schwächer.

3 Feuchtigkeitsgehalt: Bei zu nassem Boden sterben die Wurzeln ab.

4 Allgemeines Klima: Kann die Pflanze überwintern, oder braucht sie Schutz?

5 Offen oder geschützt: An offenen Standorten trocknet der Wind den Boden aus.

6 Ausrichtung: Liegt der Platz nach Norden oder Süden? Wie fällt die Sonne ein?

7 Standort an einer Mauer: Wie ist es mit der Bewässerung?

8 Hanglage: Oben ist es meist trockener, nach unten zu wird der Hügel feuchter.

PFLANZENCHECKLISTE

Wenn Sie festgestellt haben, dass der geplante Standort zu der Pflanze, die sie setzen wollen, passt, vergessen Sie die beiden folgenden wichtigen Punkte nicht:

GRÖSSE

Eine junge Pflanze sieht vielleicht auf den ersten Blick klein und harmlos aus, aber der Schein trügt. Bevor Sie es merken, wird sie zu groß, wirft Schatten auf andere Pflanzen oder unterdrückt sie vollkommen.
Vielleicht blockiert sie einen Weg oder beschattet den Rasen. Eventuell können Sie die Planze zurückschneiden, aber manche Exemplare vertragen das nicht gut. Ein Schnitt könnte sie ganz zum Absterben bringen.

TOXIZITÄT

Leider sind manche Pflanzen giftig. Sie rufen unterschiedlich schwere Vergiftungen beim Essen der Pflanze oder Hautreaktionen beim Berühren hervor. Vielleicht ist die ganze Pflanze gefährlich, oder vielleicht nur ihre giftigen Beeren oder Blätter.
Wenn Kinder im Garten spielen, müssen Sie diesen Aspekt bei der Auswahl der Pflanzen beachten. Alles was Dornen oder brennende Härchen hat, eignet sich besser für weniger zugängliche Standorte.

DER RICHTIGE STANDORT *rechts*
Feuchter Boden, Halbschatten und relative Luftfeuchtigkeit passen zu Pflanzen wie Greiskraut, Prachtspieren und Gauklerblumen. Sie entfalten ihre Pracht fast ohne Ihr Zutun. Pflanzen, die sich in dieser Umgebung weniger wohlfühlen, werden eher schwach und formlos, blühen nicht und sind anfälliger für Schädlinge und Krankheiten. Manche Pflanzen gedeihen unter verschiedensten Bedingungen: Prachtspieren (*auch unten*) wachsen z.B. sowohl in sumpfigem Boden in der Sonne als auch in trockenerem (*aber noch humosem*) Boden im Schatten. So bilden sie einen idealen Übergang zwischen verschiedenen Gartenteilen.

Welche Blume wohin?

ES FÄLLT OFT SCHWER, dem mannigfach verlockenden, überborderndem Pflanzen- und Blütenangebot im Gartencenter zu widerstehen. Aber auch wenn sie spontan Feuer und Flamme für bestimmte Blumen sind, achten Sie darauf, dass die Auserwählten zu Ihrem Garten mit seinen Problemzonen – Schatten, feuchter oder sehr trockener Boden – tatsächlich passen. Sonst werden Sie enttäuscht. Machen Sie aus der Not eine Tugend, und wählen Sie nur die Pflanzen aus, die in Ihrem Garten auch wirklich gedeihen.

SONNIG UND TROCKEN
Heiße Sonne, gut dränierter Boden, Hanglage und starker Wind können für trockenen Boden sorgen. Diese *Gazania* 'Orange Beauty' wachsen hier gut und sonnen sich gerne.

BEWEGLICH UND FARBIG *oben*
Wenn Sie schnell einen Farbtupfer brauchen, sind Kübelpflanzen das Richtige. Hier sorgen Begonien für Farbe.

ALKALISCH UND PROBLEMLOS *rechts*
Viele Gärtner sind wenig erfreut über alkalische Böden, aber Gelenkblume und Anemonen fühlen sich auf Kalk sichtlich wohl.

RANKEND UND DUFTEND *oben*
Langweilig senkrechte Flächen verlangen geradezu nach Kletterpflanzen oder hohen Sträuchern. Hier umrankt duftendes Geißblatt ein Fenster – Sie können den Duft von drinnen und draußen genießen.

Corydalis flexuosa

KÜHL UND SCHATTIG *links*
Schattige Plätze brauchen leuchtende Farben. Die blauen *Corydalis flexuosa* und weißen Tränenden Herzen frischen die feinen Töne und Strukturen der Blattpflanzen auf.

NASS UND SUMPFIG *rechts*
Ein feuchtes Eck oder Sumpfboden bei einer Wasseranlage bietet ideale Bedingungen für eine üppige Bepflanzung. Hier ergänzen geflammte Irisblätter große Gruppen goldgelber Sumpfdotterblumen (*Caltha palustris*).

Welche Pflanze wofür?

WIR WÄHLEN PFLANZEN nach verschiedenen Kriterien aus und oft wegen ihres gefälligen Äußeren, was ja kein Fehler ist (solange sie zum vorgesehenen Standort passen). Aber wäre es nicht schön, wenn sie auch noch himmlisch dufteten, Schmetterlingsschwärme in den Garten zögen oder in der Vase perfekt aussähen? Die Blumen, die ich auf den folgenden Seiten vorstelle, lösen nicht nur Probleme des Standorts. Obendrein bedanken sich alle für Ihre lohnende Pflege – und sei es »nur« mit dekorativem Blattwerk.

VIELSEITIG VERWENDBAR *oben*
Gibt es Pflanzen, die draußen vor dem Haus ebenso gut aussehen wie innen in einem Arrangement? Lampionpflanzen (*Physalis alkekengi* var. *franchetii*) werden wegen ihrer orangefarbenen, glockenförmigen Samenstände gepflanzt, die sich für Trockengestecke eignen.

BODENSTÄNDIG *links*
Nackte Erde sieht nicht gut aus, nur auf Unkräuter wirkt sie anziehend – und sie macht Arbeit. Mit bodendeckenden Pflanzen können Sie solche Flecken in bunt strukturierte Teppiche verwandeln. Hier kombiniert die Schaumblüte hübsche Blüten mit attraktiven Blättern.

SAMTBLÄTTRIG *oben*
Die meisten Pflanzen tragen länger Blätter, als sie blühen, und daher sind Pflanzen mit attraktiven Blättern wichtig. Die Blüten des Frauenmantels sind hübsch, aber die graugrünen, geometrisch geformten Blätter sind herrlich und auch ohne Blüten die Mühe wert.

SCHMETTERLINGE *oben und links*
Kein Garten ist komplett ohne die vielen fleißigen Insekten. Oben trinkt ein Schmetterling an einer Fetthenne. Viele Blumen ziehen Nützlinge an. Diese *Monarda didyma* 'Cambridge Scarlet' *(links)* mit ihren seltsamen, moppförmigen Blüten und leuchtenden Farben bringen nicht nur Stimmung in eine Rabatte im Spätsommer. Für Bienen und Schmetterlinge sind sie ein wahres Festmahl.

LÜCKENFÜLLER *oben*
Schnellwachsende Einjährige, die leicht aus Samen zu ziehen sind, eignen sich hervorragend als Lückenfüller. Hier betonen rosa *Lavatera trimestris* die weniger auffälligen Farben der *Anemone* × *hybrida* und einer blassrosa Rose.

DUFTWOLKE
Thymian wirkt als weiche Wegeinfassung und belohnt einen unvorsichtigen Tritt mit einer aromatischen Duftwolke. Hier breitet er sich einladend vor einer von kühler blauer Katzenminze umgebenen Bank aus.

Duftende Blüten

FÜR MICH IST EIN GARTEN erst mit vielen duftenden Blumen und aromatischen Blättern vollständig. Die richtige Kombination aus Blumen, Blättern und Duft ergibt einen berauschenden Cocktail, und wenn Sie sorgfältig auswählen, haben Sie einen blühenden Garten voll himmlischer Düfte!

WEITERE DUFTBLUMEN

Goldlack (*Cheiranthus cheiri*) S. 154 f.
Duftwicke (*Lathyrus odoratus*) S. 56 f.
Lilie (*Lilium*) S. 62 f.
Geißblatt (*Lonicera*) S. 134 f.
Narzisse (*Narcissus*) S. 104 f.
Ziertabak (*Nicotiana*) S. 102 f.

SÜSSER DUFT
In gleichmäßigen Hügeln bringt *Heliotropium arborescens* 'Marine' kräftige Farben und üppigen Duft in den Sommergarten.

PARFÜMIERTE SCHÖNHEITEN
Levkojen gibt es in allen Formen, Farben und Größen – hier die *Matthiola incana* der Cinderella-Serie – aber allen gemeinsam ist der starke, betörende Duft.

PFLANZE	GRÖSSE	EIGENSCHAFTEN
MAIGLÖCKCHEN *Convallaria majalis*	H 15–20 cm B 15 cm	Diese winterharte Staude breitet sich im späteren Frühjahr schnell aus und bildet einen duftenden Teppich aus gebogenen Stängeln mit kleinen, glockenförmigen Blüten in Weiß oder Blassrosa.
DIPTAM *Dictamnus albus*	H 65 cm B 25 cm	Suchen Sie einen sonnigen Platz für diese winterharte Staude mit nach Zitronen duftenden Blättern und Blüten. Hochwachsende Rispen mit sternförmigen weißen Blüten zeigen sich im Frühsommer.
FREESIE *Freesia*	H 30–45 cm B 7,5–10 cm	Die feinen Wolken trichterförmiger Blüten in Weiß oder Flieder, Violett, Rot, Gelb, Creme oder Rosa verbreiten im späten Frühjahr und Frühsommer einen süßen, würzigen Duft.
GARTEN-HELIOTROP *Heliotropium arborescens*	H 45–60 cm B 20–25 cm	Diese Pflanze eignet sich gut für Kübel. Ihre Blüten in Weiß, Violett oder Blau duften bezaubernd und blühen den ganzen Sommer über. Sollte als nicht winterharte Einjährige behandelt werden.
NACHTVIOLE *Hesperis matronalis*	H 90 cm B 30 cm	Die Nachtviole hat rosa, weiße oder violette, duftende Blütenstände, die sich im Früh- und Hochsommer zeigen. Sie duften schon am Tag gut, nach Sonnenuntergang aber geradezu betörend.
HYAZINTHE *Hyacinthus*	H 20–25 cm B 10–15 cm	Den überwältigenden Duft der Hyazinthen kann man nur lieben oder hassen. Die Blütenstände mit glockenförmigen weißen, blauen, rosafarbenen, gelben oder cremefarbenen Blüten sind Frühjahrsklassiker.
LEVKOJE *Matthiola*	H 30–50 cm B 30 cm	Dichtbesetzte, süß duftende Blütenstände entwickeln sich im späten Frühjahr bis zum Hochsommer. Die weißen, rosa, flieder- oder malvenfarbenen Blüten können einfach, gefüllt oder beides sein.
NACHTKERZE *Oenothera biennis*	H 90 cm B 40 cm	Die duftenden, zerbrechlich wirkenden gelben Blüten der winterharten Zweijährigen zeigen sich vom Frühsommer bis Mitte Herbst. Die meisten öffnen sich bei Sonnenuntergang.
SOMMERPHLOX *Phlox paniculata*	H 30–90 cm B 90 cm	Die auffälligen rosa, roten, weißen, flieder- oder malvenfarbenen Blütenstände von bis zu 15 cm Durchmesser sind schön in jeder sommerlichen Staudenrabatte. Ihr süßer Duft scheint über ihnen zu schweben.
THYMIAN *Thymus*	H 5–25 cm B 15–45 cm	Die aromatischen Blätter dieser ausdauernden Immergrünen werden im Hochsommer von kleinen weißen, rosa oder violetten Blüten überzogen. Manche Sorten haben geflammte oder behaarte Blätter.

STANDORT	PFLEGE	TIPPS
In lichtem Schatten oder voller Sonne. Boden muss feucht sein.	Wurzelhals im Herbst oder zeitigen Frühjahr unter die Bodenoberfläche setzen. Regelmäßig mit Lauberde mulchen. Ältere Pflanzen im Winter teilen.	• *C. majalis* var. *rosea* blüht rosa. • 'Albostriata' hat hübsche geflammte, cremeweiß und grün gestreifte Blätter. Sie sind ein dekorativer Hintergrund für die Blüten in einem kleinen Sträußchen.
Sonniger Standort mit gut dräniertem, alkalischem Boden.	Im Kübel gezogene Pflanzen können Sie jederzeit an einen Platz setzen, wo Sie ihren Duft genießen können. Danach nicht mehr umpflanzen.	• *D. albus* var. *purpureus* hat duftende malvenfarbene, violett gestreifte Blüten. • Das ätherische Öl der Blüten und Blätter kann Hautreizungen hervorrufen. • Die Samenstände eignen sich für Gestecke.
Gut dränierter Boden, geschützter, sonniger Standort.	Freesien überleben kalte Winter nicht. Pflanzen Sie die Knollen im zeitigen Frühjahr etwa 3 cm tief. Im Herbst ausgraben und trocken und frostfrei lagern.	• Wenn nötig bei der Pflanzung Sand zugeben. An windigen Orten mit Zweigen stützen. • Planen Sie in Gegenden mit kalten Wintern mit ein, dass Sie im Herbst die Knollen ausgraben müssen.
Gut dränierter Boden, volle Sonne.	Im zeitigen Frühling bei 16–18 °C aussäen oder Pflanzen kaufen. Nach dem letzten Frost ins Freie pflanzen. Ende des Sommers wegwerfen oder abdecken.	• Die Zwergvariante 'Marine' blüht kräftig violett und wird nur 30 cm hoch. • Überwintern Sie Heliotrop frostfrei im Gewächshaus. Im Frühjahr beschneiden. • Heliotrop gedeiht gut in Kübeln.
Gedeiht auf magerem Boden und bevorzugt etwas Schatten.	Am besten als winterharte Einjährige oder kurzlebige Staude behandeln. Nachtviolen mögen gut dränierten Boden, geben Sie Lauberde oder Kompost zu.	• Ersetzen Sie die Pflanzen alle zwei oder drei Jahre oder behandeln Sie sie als Einjährige. • Teilen Sie ältere Pflanzen im Frühjahr oder schneiden Sie im Spätfrühjahr oder Sommer Basalstecklinge. Nur Arten aus Samen ziehen.
Am besten in gut dräniertem Boden, Sonne.	Zwiebeln zwischen Spätsommer und Spätherbst in Kübel oder Beete, 10 cm tief und auf 15–20 cm Abstand setzen. In der Erde sind Hyazinthen winterhart.	• Nach dem ersten Jahr bringen die Zwiebeln schwache, dünn besetzte Blütenstände hervor. Am besten kaufen Sie jedes Jahr neue Zwiebeln. • Blattläuse und Schnecken können gefährlich werden; machen Sie Jagd auf diese Schädlinge.
Gut gedüngter, feuchter Boden, Sonne oder Teilschatten.	Junge Pflänzchen kaufen oder je nach Art um die Mitte des Frühjahrs oder im Früh- oder Hochsommer direkt ins Freie säen und überwintern.	• Höher wachsende Sorten müssen mit einer Stütze aufrecht gehalten werden. • Wenn Sie es eilig haben, setzen Sie *M. incana* 'Seven Week' oder 'Ten Week', die nach etwa sieben bzw. zehn Wochen blühen sollten.
Reichlich Sonne und gut dränierter, sandiger Boden.	Im Herbst oder Frühjahr pflanzen und im Frühjahr und Sommer gut feucht halten. Bei der Anzucht aus Samen im Frühjahr direkt ins Freie säen.	• Die Pflanzen neigen sich zur Seite und müssen mit Bambus oder Erbsenreisern gestützt werden. • Samt leicht selbst aus – mit zahlreichen Sämlingen.
Sonne oder Halbschatten, gut gedüngter, humoser Boden.	Im Herbst oder Frühjahr pflanzen, reichlich organische Substanz zugeben. Ältere Ballen alle drei bis vier Jahre teilen und an einen neuen Platz setzen.	• Echter Mehltau ist ein häufiges Problem, besonders gegen Ende des Sommers bei Pflanzen, die zu sehr ausgetrocknet sind. • Ich mag 'White Admiral' und 'Starfire', sie ziehen viele Bienen und Schmetterlinge an.
Gut dränierter Boden, sehr sonniger, geschützter Standort.	Im Frühsommer oder Frühjahr direkt ins Freiland. Pflanzen alle paar Jahre ersetzen. Nach der Blüte vorsichtig schneiden, damit sie in Form bleiben.	• Thymian eignet sich als Lückenfüller zwischen Wegplatten, an Stufen oder auf der Terrasse. • Interessante Sorten sind *T.* × *citriodorus*, 'Aureus' (geflammte gelbe Blätter) und 'Silver Queen' (gelb und weiß geflammt).

STARKER DUFT
Der kräftige Duft wird hier mit den intensiv blauvioletten Blüten der *Hyacinthus orientalis* 'Blue Jacket' kombiniert.

DUFTWOLKE
Die feinen sternförmigen Blüten des *Dictamnus albus* var. *purpureus* sitzen an kompakten Kerzen und bilden eine duftende Wolke über der Pflanze.

HIMMLISCHER DUFT
Ohne Freesien im Garten oder in der Wohnung fühle ich mich nicht wohl. Ihre Kombination aus anmutiger Form, kräftigen, aber gedämpften Farben und fantastischem Duft ist unwiderstehlich.

Schnellwachsende Blumen

DIESE PFLANZEN sind ideale Lückenfüller und eignen sich hervorragend zum Kaschieren. Mit blühender Leichtigkeit täuschen sie darüber hinweg, dass eine neue Rabatte oder ein neuer Garten gerade erst angelegt wurde – abgesehen davon, sieht er mit ihnen einfach besser aus.

WEITERE SCHNELLWACHSENDE BLUMEN

Clematis (*Clematis*) S. 118 f.
Glockenrebe (*Cobaea scandens*) S. 134 f.
Edeldistel (*Eryngium*) S. 68 f.
Storchschnabel (*Geranium*) S. 120 f.
Trichterwinde (*Ipomoea*) S. 134 f.
Duftwicke (*Lathyrus odoratus*) S. 56 f.

SCHNELL GEFÜLLT
oben
Im Handumdrehen bildet *Crambe cordifolia* stattliche Stängel, die Lücken im Hintergrund füllen.

GUT BEDECKT
links
Die üppige *Prunella grandiflora* bedeckt den Boden schnell und trägt im Sommer violette Blüten.

PFLANZE	GRÖSSE	EIGENSCHAFTEN
CANNA *Canna × generalis* Hybriden	H 60–80 cm B 45 cm	Mit großen, auffälligen Blättern und trompetenförmigen Blüten in leuchtenden Rot-, Orange- oder Gelbtönen zieht die Canna alle Aufmerksamkeit auf sich. Sie ist nicht frosthart und blüht im Sommer.
SPINNENPFLANZE *Cleome spinosa*	H 1,2 m B 45 cm	Bei Anzucht aus Samen ist diese nicht frostharte Einjährige sehr preiswert. An hohen Stängeln sitzen von Frühsommer bis Frühherbst duftende, spinnenförmige rosa, weiße oder violette Blüten.
RIESENSCHLEIERKRAUT *Crambe cordifolia*	H 2,4 m B 1,5 m	Diese feine, ungewöhnlich hohe Staude wird im Frühsommer von zahlreichen kleinen, sternförmigen weißen Blüten bedeckt, die wie eine süß duftende Wolke im Garten wirken.
DIASCIE *Diascia*	H 45 cm B 40 cm	Diese Staude trägt den ganzen Sommer über bis in den Herbst hinein zahlreiche zartrosa, pfirsichfarbene oder fast rote Blüten in lockeren Kerzen. Die meisten Arten sind bis -8 °C frosthart.
PLATTERBSE *Lathyrus latifolius*	H 3 m B 90 cm	Diese sehr schnellwachsende, kräftige, meist winterharte Kletterpflanze windet sich um Gitter oder Sträucher. Die Blüten duften nicht, haben aber vom Sommer bis in den Frühherbst hübsche Rosa- und Rottöne.
BLUTWEIDERICH *Lythrum salicaria*	H 1,2 m B 45 cm	Sehr beliebt bei Bienen und Schmetterlingen! Im Hochsommer ist die Pflanze über und über mit dichten Blütenständen in Rosatönen bedeckt. *L. salicaria*-Sorten bringen Farbtupfer in sumpfiges Gelände.
SALOMONSSIEGEL *Polygonatum odoratum*	H 60 cm B 30 cm	Jeder Schattenplatz blüht im Frühjahr mit dieser duftenden Staude auf. Die Blätter sind hübsch, und die weißen, grün angehauchten Blüten hängen an fein gebogenen Stängeln.
GROSSE BRAUNELLE *Prunella grandiflora*	H 25 cm B 90 cm	Diese Staude ist nützlich als Bodendecker und blüht den ganzen Sommer über violett, weiß oder rosa. Die Blüten wachsen an kleinen Kerzen in einem Ring aus auffälligen grünen Hochblättern.
BINSENLILIE *Sisyrinchium striatum*	H 45–60 cm B 30 cm	Die schwertförmigen Blätter dieser voll bis bedingt winterharten Staude, bei der Sorte 'Variegatum' gestreift, stehen in Fächern. Cremefarbene oder gelbliche Blüten entwickeln sich im Sommer ständig neu.
DREIMASTERBLUME *Tradescantia virginia*	H 40–60 cm B 45 cm	Eine hübsche Ballen bildende, winterharte bis frostempfindliche Staude, die von Frühsommer bis Frühherbst eine Reihe von dreiblättrigen Blüten hervorbringt. In Blau, Violett, Rosa oder Flieder.

STANDORT	PFLEGE	TIPPS
Canna braucht gut dränierten Boden und viel Sonne.	Im Frühjahr nach dem letzten Frost pflanzen. Im Herbst die Wurzeln ausgraben, trockene Teile abtrennen und in feuchtem Sägemehl frostfrei lagern.	• Im Kalthaus pflanzen Sie gelagerte Wurzeln im Frühjahr sehr zeitig in Töpfe mit einem Kompost-Sand-Gemisch, damit sie früh wachsen. • Ich mag besonders 'Wyoming', 'Black Knight' und 'Rosemond Coles'.
Mag gut dränierten, sandigen Boden in der Sonne.	Im zeitigen Frühjahr ins Warmhaus oder Anzuchtkasten säen. Nach dem letzten Frost oder Frühsommer auspflanzen.	• Verwelkte Blüten regelmäßig entfernen, damit sich weiterhin Blüten entwickeln. • Beeindruckende Sorten sind 'Helen Campbell', 'Violet Queen', 'Pink Queen' und 'Cherry Queen'. • Spinnenpflanzen gedeihen gut in Kübeln.
Sonniger Platz mit gut dräniertem, auch magerem Boden.	Im Herbst oder Frühjahr pflanzen. Ältere Pflanzen im späten Frühjahr teilen. Im Frühjahr in den Anzuchtkasten säen, auspflanzen bei geeigneter Größe.	• Riesenschleierkraut ist ein ideal strukturierter Hintergrund für die verschiedensten Farbkombinationen. • Stirbt kurz nach der Blüte ab, füllen Sie die Lücke mit spätblühenden Einjährigen.
Gut dränierter, aber feuchter Boden, in der Sonne oder Halbschatten.	Am besten im Frühjahr pflanzen, ausgewogenen Dünger geben. Ältere Pflanzen im Frühjahr teilen oder im Sommer halbreife Stecklinge schneiden.	• Schneiden Sie die Pflanze nach der ersten Blüte zurück, dann entwickelt sich eine zweite Blüte. • Hübsche Sorten sind u.a. 'Lilac Belle', 'Rupert Lambert', 'Salmon Supreme', 'Blackthorn Apricot' und 'Ruby Field'.
Jeder normale Boden, in der Sonne oder besser Halbschatten.	Im Frühjahr als Bodendecker oder Kletterpflanze setzen. Im zeitigen Frühjahr direkt ins Freie oder in Töpfe säen.	• Blüten schneiden oder ausputzen, damit die Pflanze keine Samen bildet und länger blüht. • Anfällig für Schnecken, besonders, wenn sie als Bodendecker verwendet wird. • Die Arten blühen rosa-violett.
Feuchter bis sumpfiger Boden, in der Sonne oder Halbschatten	Zwischen Herbst und Frühjahr pflanzen. Ältere Ballen im Herbst oder Frühjahr teilen oder im Frühjahr halbreife Stecklinge schneiden.	• Regelmäßig ausputzen, um die Blüte zu verstärken und das Selbstaussamen zu bremsen. • Die schönsten Pflanzen bekommen Sie mit Kultursorten. Ich mag 'Firecandle' (rosa), 'The Beaco' (kräftiger rosa) und 'Robert' (hellrosa).
Gut dränierter Boden in lichtem Schatten.	Bei guten Bedingungen zwischen Spätherbst und zeitigem Frühjahr pflanzen, Lauberde und Kompost geben. Ältere Ballen im Frühjahr teilen.	• Wenn die Pflanzen an Kraft verlieren, graben Sie sie aus und entfernen Sie ältere Teile. • Die Pflanze ist anfällig für Sägewespenlarven. Lesen Sie diese ab oder spritzen Sie ein geeignetes Präparat.
Sonniger oder halbschattiger Platz, wächst in fast jedem Boden.	Am besten im zeitigen Frühjahr pflanzen. Sehr pflegeleicht, schneller Bodendecker. Zu dichte Ballen im Herbst oder Frühjahr teilen.	• Sie gedeihen in magerem Boden, düngen Sie also nicht zu viel und setzen Sie sie richtig. • Ich mag unter anderem *P. grandiflora* (violett), 'Loveliness' (flieder), 'Pink Loveliness', 'White Loveliness' und 'Rotkäppchen' (karminrot).
Gut dränierter Boden, besonders im Winter, viel Sonne.	Am besten im Frühjahr pflanzen. Beim Anwachsen regelmäßig gießen, fault bei Kälte und Feuchtigkeit. Große Ballen im Frühjahr teilen.	• Pflanzen etwas erhöht setzen, damit sich an der Basis kein Wasser staut. • Nach dem Anwachsen samen Binsenlilien leicht selbst aus und bringen verschiedene Nachkommen hervor, die lästig werden können.
Gut gedüngter Boden, sonniger Platz.	Äußerst pflegeleicht. Am besten bei mildem Wetter im Herbst oder Frühjahr pflanzen. Ältere Ballen im Herbst oder Frühjahr teilen.	• Die meisten Kultursorten sind kleiner und kompakter als die Arten. Ich mag besonders 'Carmine Glow' (warmes Karminrot), 'Caerulea Plena' (gefüllt, tiefblau), 'Isis' (blau) und 'Zwanenburg Blue' (dunkelblau).

SOMMERLICHER ZAUBER
Wegen der schwertförmigen Blätter wird *Sisyrinchium striatum* oft für eine Iris gehalten, aber die feinen Blüten sind deutlich anders.

SPINNENNETZ
Bei dem Namen Spinnenpflanze ist die seltsame, aber beeindruckende Form der *Cleome*-Blüten keine Überraschung mehr. Sie bringen Höhe ins Beet.

BLÜTEN EN MASSE
Die lockeren Blütenstände der *Diascia barberae* 'Blackthorn Apricot' sind so zahlreich, dass sie einen Hügel aus Farbe bilden.

Blühende Kletterpflanzen

RANKENDES GRÜN wirkt niemals langweilig, doch immer interessant und geheimnisvoll. Wenn Sie Laube, Mauern und Zäune mit Kletterpflanzen bekleiden, wirkt jeder Garten, ob groß oder klein, spannender. Bei sorgfältiger Planung können Sie damit auch hässliche Stellen im Garten kaschieren.

WEITERE BLÜHENDE KLETTERPFLANZEN

Clematis (*Clematis*) S. 118 f.
Flanellstrauch (*Fremontodendron*) S. 140 f.
Winterjasmin (*Jasminum nudiflorum*) S. 150 f.
Platterbse (*Lathyrus latifolius*) S. 132 f.
Duftwicke (*Lathyrus odoratus*) S. 56 f.

SPEZIAL-EFFEKTE
Wenn die Hauptpflanzen kräftig sind und nicht überwuchert werden, können Sie Kletterpflanzen an ihnen hochranken lassen. So entstehen Effekte wie hier mit *Tropaeolum speciosum* in einer Konifere.

Staubgefäße und Fruchtknoten mit komplizierter, ungewöhnlicher Struktur

Exotische tellerförmige Blüten

EXTRAORDINÄR
Aus der Entfernung wirken die auffälligen Blüten der *Passiflora caerulea* beachtlich, aber erst bei näherem Hinsehen zeigt sich, wie außergewöhnlich sie wirklich sind.

PFLANZE	GRÖSSE	EIGENSCHAFTEN
TROMPETENBLUME *Campsis radicans*	H 9 m B 90 cm	Große Gruppen orangeroter, bis zu 7,5 cm langer trompetenförmiger Blüten entwickeln sich im Spätsommer und Frühherbst. Trompetenblumen sind winterhart, in ungeschützten Gärten brauchen sie Schutz.
GLOCKENREBE *Cobaea scandens*	H 3 m B 1,5 m	Nur in einer Saison, von Hochsommer bis zum Herbst, wird die Glockenrebe fast von duftenden Blüten erdrückt. Daher wird diese empfindliche Staude als nicht frostharte Einjährige behandelt.
SCHÖNRANKE *Eccremocarpus scaber*	H 3 m B 90 cm	Diese exotische, nicht frostharte Kletterpflanze ist den ganzen Sommer über bis in den Herbst mit orangefarbenen Blüten mit gelbem Rand bedeckt. Sie wächst schnell und hält sich mit Ranken an Stützen fest.
TRICHTERWINDE *Ipomoea*	H 2,5–4 m B 90 cm	Zahlreiche breite trompetenförmige Blüten in Rosa, Rot, Blau, Violett oder Weiß erscheinen von Sommer bis Frühherbst. Wächst schnell. Ziehen Sie sie jedes Jahr aus Samen wie eine nicht frostharte Einjährige.
WEISSER JASMIN *Jasminum officinale*	H 8 m B 3 m	Wenn Sie Duft im Garten mögen, ist er ohne Jasmin nicht komplett! Vom Hochsommer bis Frühherbst ist diese langsam wachsende Kletterpflanze mit herrlich duftenden weißen Blüten bedeckt.
GEISSBLATT *Lonicera*	H 1,5–4 m B 1,5–2,4 m	Es gibt viele brauchbare Arten und Sorten dieser zähen, holzigen ausdauernden Kletterpflanze mit feinen, duftenden Blüten. Manche blühen schon im späten Frühjahr, andere bis in den Frühherbst.
PASSIONSBLUME *Passiflora caerulea*	H 10 m B 1,2 m	Die fremdartige Schönheit von Passionsblumen wirkt immer überraschend – sie blüht weiß, rosa oder violett, von Hochsommer bis Frühherbst. Weniger empfindlich, als sie aussieht.
NACHTSCHATTEN *Solanum crispum*	H 4 m B 90 cm	Diese Kletterpflanze bringt von Hochsommer bis Frühherbst zahlreiche sternförmige, fein duftende violette Blüten mit gelben Staubgefäßen hervor. Nur in milden Regionen mit geeignetem Schutz winterhart.
KAPUZINERKRESSE *Tropaeolum speciosum*	H 3 m B 60 cm	Eine meist winterharte ausdauernde Kletterpflanze, von Hoch- bis Spätsommer überdeckt von langbespornten feuerroten Blüten. Aus den Blüten entwickeln sich im Herbst oft leuchtend blaue Beeren.
KAPUZINERKRESSE *Tropaeolum tuberosum*	H 3 m B 60 cm	Diese schnellwachsende vorwiegend winterharte Kletterpflanze bringt von Hochsommer bis Frühherbst längliche, orangerote Blüten hervor, die bis zu 4 cm lang werden. Die Blätter sind hübsch geformt und graugrün.

STANDORT	PFLEGE	TIPPS
Sonniger, geschützter Platz, feuchter, durchlässiger Boden	Am besten gegen Ende des Sommers oder im zeitigen Frühjahr pflanzen, regelmäßig gießen und düngen. Stütze bereitstellen.	• Wählen Sie eine sonnige Mauer, die im Winter ausreichend Schutz bietet. Regelmäßig gießen. • Trompetenblumen wachsen langsam. Nach fünf Jahren ist die Pflanze ca. 1,80 m hoch.
Gut dränierter Boden, sonniger, windgeschützter Platz.	Im Frühsommer pflanzen, mit Drähten zum Ranken versehen. Wegen des schnellen Wachstums ist sie ein Starkzehrer und braucht reichlich Wasser.	• Säen Sie im späten Winter oder zeitigen Frühjahr in Töpfe im Warmhaus. • Die Blüten sind erst grünlich-cremefarben und werden später violett. Die Sorte 'Alba' hat weiße Blüten, die cremefarben werden.
Gut dränierter Boden, in der Sonne.	Im Frühjahr pflanzen und als nicht frostharte Einjährige behandeln. Die Basis der Pflanze im Winter schützen, dann treibt sie im Frühjahr neu aus.	• Schönranke samt leicht selbst aus, ihre Empfindlichkeit ist also kein Problem, denn im Frühjahr erscheinen zahlreiche Sämlinge und ersetzen rasch erfrorene Pflanzen. • Anglia-Hybriden gibt es in vielen Farben.
Geschützter, sonniger Platz mit normalem Boden.	Im Frühjahr in einen beheizten Anzuchtkasten säen und nach dem letzten Frost auspflanzen. An Gittern oder anderen Pflanzen ranken lassen.	• In lichtem Schatten entwickeln sich weniger Blüten, doch die Pflanze sieht noch gut aus. • Weichen Sie die Samen über Nacht ein, bevor Sie sie säen, dann keimen sie besser. • *I. tricolor* 'Heavenly Blue' hat blaue Blüten.
Gut dränierter Boden, in Sonne oder lichtem Schatten.	Im Frühjahr oder Sommer pflanzen. Er braucht möglichst dünne Stützen, z.B. Drahtgitter. Im Sommer halbreife Stecklinge schneiden.	• Keine Angst vor der Größe – es dauert ca. fünf Jahre, bis der Jasmin 3,5 m hoch wird. • Die Sorte 'Argenteovariegatum' hat hübsche geflammte Blätter, die der ganzen Pflanze silbernen Glanz verleihen.
Durchlässiger, nicht trockener Boden, Sonne oder lichter Schatten.	Am besten im Frühjahr oder Herbst so pflanzen, dass die Wurzeln im Schatten sind. Im Frühjahr und Frühsommer regelmäßig gießen und düngen.	• Gute Kletterpflanzen für die Pergola oder Laube, wo Sie ihren Duft genießen können. • Regelmäßiger Schnitt ist nicht nötig, dünnen Sie geschossene Pflanzen aus und schneiden Sie zu große im Frühjahr zurück.
Gut dränierter Boden, in voller Sonne.	Im Frühjahr geschützt an eine Mauer setzen, die den ganzen Tag oder nachmittags Sonne hat. Sie braucht Stützen, an denen sie hochranken kann.	• Schützen Sie die Pflanzen in den ersten Wintern, später in kalten Wintern. Sind die Stängel erfroren, treibt sie neu aus. • Nach der Blüte entwickeln sich orangegelbe Früchte.
Geschützter Platz mit viel Sonne und gut dräniertem Boden.	Am besten im Frühjahr pflanzen. Außer bei durchlässigen Böden Grobsand ins Pflanzloch geben. Im Sommer häufig gießen.	• Sorgen Sie für ein Gitter, damit die Pflanze sich festhalten kann. • Mulchen Sie im Winter mit trockenem Laub oder Stroh, das Sie mit Kükendraht befestigen. • Die Sorte 'Glasnevin' hat blauviolette Blüten.
Ein sonniger Platz mit gut dräniertem, aber feuchtem Boden.	Im Frühjahr pflanzen. Wurzeln im Sommer feucht halten. Wurzeln bilden neue Pflanzen. Im zeitigen Frühjahr teilen oder im Frühjahr unter Glas aussäen.	• *Tropaeolum* braucht einen Rahmen zum Hochranken. Sie bringt Farbe in Sträucher, andere Kletterpflanzen oder Hecken. Die Wurzeln breiten sich unterirdisch aus, jedes Jahr erscheinen neue Pflanzen.
In gut dränierten, aber feuchten Boden mit viel Sonne setzen.	Die Knollen zeitig vor dem Winter ausgraben, in trockenem Substrat oder Rindenmulch kühl und frostfrei im Schuppen lagern. Im Frühherbst teilen.	• Eine der schnellsten Methoden, nackte Gitter mit Blüten zu bedecken, z.B. während langsamer wachsende Pflanzen heranreifen. • Schnecken mögen junge Triebe, gehen Sie also am Anfang der Saison auf die Jagd.

GEWUSST WIE
Warum nicht mit der Trichterwinde (hier *Ipomoea hederacea*) schnell die Wand verdecken, während langsamere Pflanzen anwachsen?

RAFFINIERT EINFACH
Die einfachen Blüten von *Jasminum officinale* bringen besonders in Verbindung mit geflammten Blättern Licht in Schattenecken.

PURISTISCH SCHÖN
Das stark duftende Japanische Geißblatt (*Lonicera japonica*) ist von verhaltener Eleganz.

Einjährige

ALLE HIER GENANNTEN Pflanzen können Sie direkt in Ihren Garten säen, ohne sich um Saatschalen oder einen Anzuchtkasten zu kümmern. Wenn Sie sie im Frühjahr in Abständen aussäen (manche auch schon im Herbst), haben Sie den ganzen Sommer über herrliche Farbenpracht im Garten.

WEITERE EINJÄHRIGE FÜR DIE DIREKTAUSSAAT

Schleierkraut (*Gypsophila*) S. 150 f.
Sonnenblume (*Helianthus*) S. 82 f.
Trichterwinde (*Ipomoea*) S. 134 f.
Duftwicke (*Lathyrus odoratus*) S. 56 f.
Mohn (*Papaver*) S. 110 f.
Skabiose (*Scabiosa*) S. 150 f.

AUFFALLEND
Die schönen, violettrosa Blüten der *Malope trifida* erinnern an den Schalltrichter eines alten Grammophons.

ZEITLOS
Die kräftig leuchtenden Blüten der Ringelblumen wirken immer freundlich und sind seit Jahrhunderten im Garten beliebt – schon im frühen 18. Jh. wurden sie in königliche Gartenanlagen gepflanzt.

PFLANZE	GRÖSSE	EIGENSCHAFTEN
RINGELBLUME *Calendula officinalis*	H 20 cm B 30 cm	Die gelben, orange- oder cremefarbenen, margeriten- oder pomponförmigen Blüten der Ringelblume sind bei Kindern sehr beliebt. Sie blühen im Früh- bis Spätsommer.
SCHLEIFEN-BLUME *Iberis amara*	H 25 cm B 15 cm	Mit ihren duftenden Kuppeln aus weißen, fliederfarbenen oder rosa Blüten zieht die Schleifenblume Schmetterlinge und nützliche Insekten an. Die winterharte Einjährige blüht den ganzen Sommer über.
BECHERMALVE *Lavatera trimestris*	H 60–90 cm B 45 cm	Frisch gepflanzte Bechermalven wirken, als wären sie schon immer da gewesen. Diese robuste winterharte Staude ist von Hochsommer bis Frühherbst mit rosa Blüten von bis zu 10 cm Durchmesser bedeckt.
SUMPFBLUME *Limnanthes douglasii*	H 15 cm B 15 cm	Dottergelbe Zentren umgeben von weißen Blütenblättern. Bienen mögen sie sehr, und sie sorgt vom späten Frühjahr bis Ende des Sommers für fröhliche Farbtupfer.
ROTER LEIN *Linum grandiflorum rubrum*	H 30–45 cm B 7,5 cm	Zahlreiche kleine, untertassenförmige blassrosa Blüten entwickeln sich von Hoch- bis Spätsommer an der Leinpflanze. Die Stängel und Blätter der winterharten Staude zeigen einen bezaubernden feinen Grünton.
GEWÖHNLICHE MEERVIOLE *Malcolmia maritima*	H 20 cm B 30 cm	Sie gehört zu den pflegeleichten, schnellwachsenden winterharten Einjährigen und blüht oft schon einen Monat nach der Aussaat. Die duftenden Blüten bilden feine Wolken in Rosa, Rot, Weiß oder Violett.
TRICHTER-MALVE *Malope trifida*	H 90 cm B 30 cm	Wenn Sie Schnittblumen mögen, sollten Sie einen Platz für Trichtermalven bereithalten. Die großen, rosa-violetten Blüten mit ihren dunkelvioletten Adern entwickeln sich zahlreich von Hochsommer bis Mitte Herbst.
ABENDLEVKOJE *Matthiola bicornis*	H 30 cm B 25 cm	Sie sind nicht so auffällig wie andere Levkojen, aber in der Dämmerung betören sie mit ihrem intensiven Duft. Diese winterharte Einjährige bringt von Hoch- bis Spätsommer fliederfarbene Blütenkerzen hervor.
HAINBLUME *Nemophila menziesii*	H 45 cm B 30 cm	Die hübsche Blume bringt den ganzen Sommer bis in den Herbst zahlreiche himmelblaue Blüten mit weißen Zentren hervor – sie ist eine der am längsten blühenden winterharten Einjährigen.
GARTENRESEDA *Reseda odorata*	H 30–60 cm B 15 cm	Ihre dichten Kerzen winziger grüngelber oder hellbrauner Blüten duften überwältigend. Diese winterharte Einjährige ist bei Schmetterlingen beliebt und ziert Ihre Rabatte von Hochsommer bis Frühherbst.

STANDORT	PFLEGE	TIPPS
Gut dränierter Boden, volle Sonne. Ideal für Kübel.	Im zeitigen bis späteren Frühjahr aussäen. Die Sämlinge auf 45–60 cm Abstand ausdünnen. Im Abstand von ein bis zwei Wochen säen.	• Ringelblumen blühen bei warmem, feuchtem Wetter schlechter. Säen Sie nicht nach, wenn Sie mit solcher Witterung rechnen. • Ich mag 'Radio Extra Selected' (orangefarbene Blüten) und 'Apricot Pygmy' besonders.
Gut dränierter Boden an einem sonnigen Standort.	Direktsaat im zeitigen oder späteren Frühjahr (sie mögen keine Saatschalen). Schleifenblumen gedeihen auch an trockenen Standorten gut.	• Säen Sie in Tuffs zwischen größere Pflanzen. • 'Dwarf Fairyland Mixed' bringt 20–25 cm hohe Pflanzen hervor, die in Kastanienbraun, Karminrot, Flieder und Weiß blühen. • Sammeln Sie Samenstände für Trockengestecke.
Ideal für einen sonnigen Platz, z. B. an einer Mauer.	Im zeitigen Frühjahr säen, Sämlinge auf 45 cm Abstand ausdünnen. Junge Pflanzen gießen. Ältere Pflanzen halten Trockenheit gut aus.	• Achten Sie auf Blattläuse, die gerne junge Triebe attackieren. • Meine Lieblingssorten sind 'Silver Cup', mit leuchtend rosa Blüten, die reinweiße 'Mont Blanc' und die kirschrosa 'Ruby Regis'.
Humoser Boden, in der Sonne.	Im zeitigen Frühjahr oder schon im Herbst säen und auf 15 cm Abstand ausdünnen. Sämlinge und Pflanzen gut feucht halten. Selbstaussamend.	• Sehr pflegeleicht und schnell blühend: ein idealer Lückenfüller in der Staudenrabatte. • Gut geeignet als Einfassung für Steingärten. • Pflanzen Sie sie zu Ihren Rosen – sie ziehen Schwebfliegen an, die die Blattläuse fressen.
Wählen Sie einen sonnigen Platz mit gut dräniertem Boden.	Am besten im zeitigen Frühjahr oder schon im Herbst aussäen. Sämlinge auf ca. 13 cm Abstand ausdünnen, sodass sie locker ineinander wachsen.	• *Linum grandiflorum* 'Album' hat reinweiße Blüten (4 cm Durchmesser), die sich zahlreich in lockeren Gruppen entwickeln. • Etwas feuriger wirkt *L. rubrum* mit seinen seidig roten Blüten mit dunklen Zentren.
Jeder Standort mit gut dräniertem Boden und viel Sonne.	Bei Aussaat im Frühjahr blühen diese Levkojen schon wenige Wochen später. Herbstaussaat für die Blüte im nächsten Sommer ist möglich.	• Säen Sie etwa alle zwei Wochen Gruppen, um die Blüten und den Duft den ganzen Sommer über zu genießen. • In einem Bauerngarten lassen Sie den Samen in erdgefüllte Lücken im Pflaster rieseln.
Jeder Boden ist geeignet, sollte aber viel Sonne bekommen.	Im späteren Frühjahr säen und auf ca. 30 cm Abstand ausdünnen. Durch Entfernen der verwelkten Blüten verlängert sich die Blühperiode.	• Ich mag 'Pink Queen' mit perlmuttrosa Blüten und 'White Queen' mit reinweißen Blüten. Sie werden stattliche 60–90 cm hoch. • 'Large Flowered Hybrids' ergeben eine Mischung aus rosa, weißen, roten und violetten Blüten.
Sonne oder Halbschatten, gut gedüngter, feuchter Boden.	Im späten Frühjahr in Tuffs oder zwischen andere Einjährige säen. Sämlinge auf ca. 20–25 cm Abstand ausdünnen. Immer gut feucht halten.	• Pflanzen Sie Ihre Levkojen in die Nähe von Plätzen, wo Sie sich am Abend aufhalten. • Säen Sie auch in Ampeln und Kübel. Wirklich auffällige rosa Blüten hat die Sorte 'Pink Scentsation'.
Humoser Boden in der Sonne oder Halbschatten.	Im zeitigen bis späteren Frühjahr säen, Sämlinge und Pflanzen gut feucht halten. Ich stütze diese Pflanzen mit Zweigen, da sie sich leicht neigen.	• Hainblumen eignen sich für Kübel ebenso wie für Rabatten, halten Sie sie aber gut feucht. • Die fast schwarze 'Total Eclipse' mit sauberem weißem Rand bringt einen hübschen Kontrast; 'Pale Face' ist weiß mit kleinen schwarzen Tupfen.
Gut dränierter Boden in viel Sonne.	Im späteren Frühjahr aussäen; bei kühlem Wetter mit einer Haube abdecken. Sämlinge auf ca. 30 cm Abstand ausdünnen.	• Gartenreseda wächst schnell, mehrere Pflanzen auf einmal eignen sich also gut als Lückenfüller. • Wenn Sie auffälligere Pflanzen bevorzugen, wählen Sie 'Fragrant Beauty', die zitrusgrüne Blüten mit einem aparten Rotschimmer hat.

SANFTER HAUCH
Die Blüten des winterharten *Linum grandiflorum rubrum* sehen empfindlicher aus, als sie sind. Er kann im Herbst schon gesät werden.

ZARTER DUFT
Reseda odorata wird hauptsächlich wegen ihres Duftes gepflanzt. Sie ist ideal für trockene Plätze an der Terrasse.

ROSA SCHÖNHEIT
Lavatera trimestris 'Pink Beauty', eine einjährige Verwandte der Buschmalve, ist hübsch rosa gefärbt.

Blumen für Insekten

BIENEN UND SCHMETTERLINGE sind in jedem Garten willkommen. Pflanzen Sie Blumen, die sie anlocken, dann werden sich diese freundlichen Besucher in Ihrem Garten tummeln, solange die Pflanzen blühen. Bestäubung durch die Bienen ist auch im Gemüsegarten willkommen.

WEITERE BLUMEN FÜR BIENEN UND SCHMETTERLINGE

Staudenastern (*Aster*) S. 78 f.
Fingerhut (*Digitalis*) S. 42 f.
Edeldisteln (*Eryngium*) S. 68 f.
Duftwicken (*Lathyrus odoratus*) S. 56 f.
Lavendel (*Lavandula*) S. 70 f.
Fetthenne (*Sedum spectabile*) S. 156 f.

KRÄUTERDUFT *links*
Schmetterlinge lieben Rosa und Malve – hier lockt *Origanum laevigatum*, dessen gefärbtes Laub das Mittelviolett der Blüten noch betont.

FILIGRAN *unten*
Diese *Coreopsis verticillata* 'Moonbeam' sieht aus, als ob sie bei jedem Windstoß davonflöge, doch ihre Stängel tragen auch Hummeln.

PFLANZE	GRÖSSE	EIGENSCHAFTEN
GRASNELKEN *Armeria*	H 60–120 cm B 30–45 cm	Diese hübschen winterharten, ausdauernden Immergrünen bilden von Ende des Frühjahrs bis Hochsommer Hügel aus rosa oder weißen, fast kugeligen Blütenständen auf langen, geraden Stängeln.
MÄDCHEN-AUGE *Coreopsis*	H 30–60 cm B 45 cm	Vom späten Frühjahr bis in den Frühsommer sind diese meist winterharten immergrünen Sträucher von schönen, offenen Blüten mit zarten Blütenblättern in Rot, Orange, Gelb, Rosa oder Creme bedeckt.
KOKARDEN-BLUME *Gaillardia*	H 25–75 cm B 45 cm	Kokardenblumen zeigen je nach Sorte fast den ganzen Sommer über und bis in den Herbst margeritenartige Blüten in leuchtenden Farben wie Rot, Orange oder Gelb, oft auch zweifarbig.
NELKENWURZ *Geum chiloense*	H 25–75 cm B 25–50 cm	Die Blüten der Nelkenwurz haben offene »Gesichter«. Diese winterharte Staude trägt den ganzen Sommer über orangefarbene, rote oder gelb gefüllte oder einfache Blüten mit goldgelben Staubgefäßen.
SONNEN-RÖSCHEN *Helianthemum*	H 20–45 cm B 30–60 cm	Vom späten Frühjahr bis in den Frühsommer sind diese winterharten immergrünen Sträucher von schönen, offenen Blüten mit zarten Blütenblättern in Rot, Orange, Gelb, Rosa oder Creme bedeckt.
GREISKRAUT *Ligularia dentata*	H 1,2–1,8 m B 60 cm	Wie Leuchtfeuer stehen die kompakten Kerzen dieser winterharten Staude mit ihren winzigen, margeritenartigen Blüten in Orange- und Gelbtönen von Hoch- bis Spätsommer in der Rabatte.
MONARDE *Monarda*	H 60–120 cm B 30–45 cm	Bienen lieben diese ungewöhnlichen Blütenbüschel in Weiß, Rosa, Violett, Malve oder Rot. Die eher kurzlebigen winterharten Stauden oder Zweijährigen blühen fast den ganzen Sommer über.
KATZENMINZE *Nepeta*	H 30–90 cm B 60–75 cm	Sowohl Katzen als auch Bienen finden Katzenminze unwiderstehlich. Diese hübsche niedrige, bedingt winterharte Staude trägt den ganzen Sommer über zarte Blütenstände in Weiß, Violett- oder Lavendeltönen.
DOST *Origanum vulgare*	H 50–60 cm B 45 cm	Die violetten Blüten sind vielleicht winzig, stehen aber in eindrucksvollen Blütenständen, die von Hochsommer bis Mitte Herbst blühen. Die Blätter dieser winterharten Staude sind blaugrün und aromatisch.
FINGERKRAUT *Potentilla*	H 45 cm B 60 cm	Diese winterharte Staude entwickelt viele rote, orangefarbene, gelbe oder rosa Blüten, die einfach oder halb gefüllt sind. Sie blüht den ganzen Sommer über und hat attraktive silbrige Blätter.

STANDORT	PFLEGE	TIPPS
Gut dränierter Boden und viel Sonne.	Am besten im Frühjahr pflanzen. Grasnelken kommen dann gut allein zurecht. Ältere Pflanzen im Spätsommer teilen oder halbreife Stecklinge schneiden.	Grasnelken eignen sich für eine farbige Beet-, Weg- oder Treppeneinfassung. Sie passen auch in Steingärten. Viele Grasnelken gedeihen an der See, sie vertragen also schon etwas Wind.
Bevorzugen sonnige Plätze mit gut dräniertem Boden.	Im Frühjahr pflanzen. Für reichliche Blüte Kalidünger geben. Höher wachsende Pflanzen stützen. Regelmäßig verwelkte Blüten entfernen.	• Es gibt auch winterharte, einjährige *Coreopsis.* • Säen Sie im zeitigen Frühjahr leicht in einen beheizten Anzuchtkasten. • Für eine Pflanzung in sanfteren Farben eignet sich *C. rosea* mit hübschen blassrosa Blüten.
Überall in gut dräniertem Boden und viel Sonne.	Am besten im Frühjahr direkt an einen freien Platz säen und im folgenden Frühjahr an den endgültigen Platz setzen. Ältere Pflanzen im Frühjahr teilen.	• Hohe Pflanzen brauchen eventuell eine Stütze. • Sie brauchen im Winter gute Dränage. Aber selbst dann werden sie nur drei Jahre alt. • Einjährige Kokardenblumen im späten Frühjahr oder Frühsommer ins Freie säen.
Braucht humosen, aber gut dränierten Boden, in voller Sonne.	Im Frühjahr oder im Herbst pflanzen. Regelmäßig ausputzen, um die Blüte zu verlängern. Ältere Pflanzen im Herbst oder zeitigen Frühjahr teilen.	• Nelkenwurz gedeiht gut in lichtem Schatten oder Halbschatten, doch die Blüten sind dann unauffällig und die Pflanzen weniger elegant. • Für feuchte, schattige Plätze eignet sich *G. rivale* (Bachnelkenwurz).
Gut dränierter Boden und viel Sonne.	Im Frühjahr pflanzen, dabei Grobsand einarbeiten, wenn der Boden nicht sehr durchlässig ist. Halbreife Stecklinge im Hoch- bis Spätsommer schneiden.	• Kurz nach der Blüte in Form schneiden, damit die Pflanze dicht und buschig bleibt. • Wählen sie einen geschützten Standort, um reichlich Blüten zu erhalten und sie, sowie die Blätter, vor Windschaden zu schützen.
Lichter Schatten, windgeschützt, feuchter Boden.	Im Frühjahr oder Herbst pflanzen. Dabei organische Substanz einarbeiten. Ältere Pflanzen im Herbst oder Frühjahr teilen.	• Hohe Pflanzen brauchen eine Stütze. • Greiskraut gedeiht gut am Rand eines Teichs und in feuchten Rabatten. • 'Othello' hat violette Blätter, 'Desdemona' braun-grüne Blätter mit rotbrauner Unterseite.
Ziemlich feuchter Boden in der Sonne oder im Halbschatten.	Am besten im Herbst oder Frühjahr pflanzen. Bei leicht austrocknendem Boden vor der Pflanzung organische Substanz zugeben.	• Nach drei oder vier Jahren gehen die Monarden ein. Setzen Sie neue Pflanzen. • Die Sorte 'Cambridge Scarlet' bringt aufsehenerregende rote Blüten hervor. • Teilen Sie ältere Pflanzen im Frühjahr.
Gut dränierter Boden mit viel Sonne.	Am besten im Frühjahr setzen. Ausputzen verbessert die Blüte. Reife Pflanzen im zeitigen Frühjahr teilen oder etwas später Weichholzstecklinge schneiden.	• 'Six Hills Giant' ist den ganzen Sommer mit zarten lavendelfarbigen Blütenkerzen bedeckt. • Wie ihr deutscher Name andeutet, zieht die Katzenminze – besonders *N. cataria* – viele Katzen an, die sich gerne darin wälzen!
Gut dränierter Boden und volle Sonne.	Am besten im Frühjahr pflanzen. Wenn nötig Grobsand einarbeiten. Im Frühjahr ältere Ballen teilen oder Weichholzstecklinge schneiden.	• Wenn Sie im Frühjahr viele Pflänzchen haben wollen, säen Sie im Herbst in einen beheizten Anzuchtkasten. • *O. vulgare* ist ein nützliches Küchenkraut (z.B. zum Würzen italienischer Gerichte).
Braucht recht gut dränierten Boden und viel Sonne.	Am besten im Frühjahr oder Herbst pflanzen. Fingerkraut entwickelt schnell kräftige Ballen. Ältere Pflanzen im zeitigen Frühjahr teilen.	• Schneiden Sie die Stängel von verwelkten Blüten ab, so blüht die Pflanze bis in den Herbst. • Ich mag die warmen Töne von 'Gibson's Scarlet' (scharlachrot), 'William Rollinson' (halbgefüllt, rotorange), und 'Melton' (rötlich-rosa).

STRAHLEND SCHÖN
Zwar ist sie nicht ganz kniehoch, doch die Blüten der *Gaillardia × grandiflora* 'Kobold' machen die fehlende Größe mehr als wett.

SOMMERLICH
Die großen lavendelfarbigen Blüten der *Nepeta sibirica* sitzen locker auf senkrechten Stängeln und wirken fantastisch.

KNALLROT
Insekten bevorzugen flache, einfache Blüten. *Potentilla* 'Gibson's Scarlet' mit ihren fast von selbst leuchtenden Blüten und dunklen Zentren dürften sie kaum übersehen.

Trockene Standorte

Wassermangel kann für den Garten verheerend sein – trockene Böden nicht unbedingt. Wenn Sie Trockenheit liebende Pflanzen setzen, können Ihre Rabatten schön aussehen. Die hier beschriebenen Pflanzen gedeihen gut in leichtem, sandigem trockenen Boden und mögen volle Sonne.

WEITERE BLUMEN FÜR TROCKENE STANDORTE

Cistrosen *(Cistus)* S. 112 f.
Sonnenblumen *(Helianthus)* S. 82 f.
Fackellilien *(Kniphofia)* S. 38 f.
Lavendel *(Lavandula)* S. 70 f.
Kapmargeriten *(Osteospermum)* S. 86 f.
Thymian *(Thymus)* S. 130 f.

MANCHE MÖGEN'S HEISS, *rechts*
Die feurigen Farben der Zinnien passen gut zu sonnigen Ecken. Hier wirken die Blüten der *Zinnia haageana* 'Persian Carpet' wie glühende Kohlen.

AUSGEFRANST *links*
Die ausgefransten Blütenkerzen der *Liatris spicata* erinnern mich an Bürstenköpfe. Zwischen bronzefarbenen oder violetten Blättern sehen sie wundervoll aus.

PFLANZE	GRÖSSE	EIGENSCHAFTEN
HORN-BLEIWURZ *Ceratostigma plumbaginoides*	H 45 cm B 60 cm	Beeindruckend leuchtend blaue Blüten zeigen sich von Spätsommer bis Mitte Herbst an diesem ausdauernden Strauch. Die Blätter werden im Herbst leuchtend rot, bevor sie fallen.
WINDE *Convolvulus cneorum*	H 60 cm B 60 cm	Dieser runde Strauch ist in der Regel vom späten Frühjahr bis zum Ende des Sommers mit weißen, trichterförmigen Blüten bedeckt. Die flaumigen Blätter haben eine exquisite silbrige Farbe.
FLANELL-STRAUCH *Fremontodendron*	H 5 m B 2 m	Die leuchtend gelben Blüten dieses nicht frostharten Strauchs zeigen sich fast den ganzen Sommer über. Die Blätter sind von winzigen Haaren bedeckt und in milden Regionen halb immergrün.
MITTAGSGOLD *Gazania*	H 15–30 cm B 15–30 cm	Diese empfindlichen Stauden überstehen keine kalten Winter, können aber einjährig gezogen werden. Die meisten blühen von Frühsommer bis Mitte Herbst in Orange, Gelb, Rot oder Braun.
BITTERWURZ *Lewisia cotyledon*	H 30 cm B 30 cm	Vom späten Frühjahr bis Ende des Sommers bringen diese winterharten Stauden mit fleischigen Blättern zahlreiche gefärbte, trompetenförmige Blüten in Orange, Rosa, Violett, Gelb oder Creme hervor.
PRACHTSCHARTE *Liatris spicata*	H 60–90 cm B 30 cm	Die rosa, weißen oder violetten Blütenkerzen der Prachtscharte sind so struppig wie Flaschenbürsten. Diese winterharten Stauden blühen den ganzen Sommer über und sind auch bei Schmetterlingen sehr beliebt.
VEXIERNELKE *Lychnis coronaria*	H 60 cm B 45 cm	Silbrige, behaarte Blätter bilden den Hintergrund für leuchtende weiße, rosa oder rotviolette Blüten, die von Hochsommer bis Mitte Herbst blühen. Die winterharte Staude ist bei Schmetterlingen beliebt.
TITHONIE *Tithonia rotundifolia*	H 1,2–3 m B 50–90 cm	Diese seltenen Sonnenblumen nehmen es leicht mit der bekannten *Helianthus* auf. Sie tragen von Hochsommer bis Mitte Herbst duftende, orangefarbene Blüten und werden als nicht frostharte Einjährige gezogen.
ADAMSNADEL *Yucca filamentosa*	H 60–90 cm B 75–90 cm	Diese meist winterharten Pflanzen mit Rosetten schwertähnlicher Blätter sind auch ohne Blüten auffällig. Die cremefarbenen Blütenkerzen, die im Hoch- bis Spätsommer erscheinen, werden 1,5–1,8 m hoch.
ZINNIEN *Zinnia*	H 40–60 cm B 30 cm	Die dahlienähnlichen Blüten zeigen sich von Hochsommer bis Mitte Herbst in Orange, Gelb, Rotviolett, Rosa oder Weiß. Sie sollten als nicht frostharte Einjährige behandelt werden.

STANDORT	PFLEGE	TIPPS
Warmer, trockener Standort mit gut dräniertem Boden.	Am besten im Frühjahr oder Herbst pflanzen. Im Schutz einer warmen Mauer werden die besten Ergebnisse erzielt. Große Pflanzen im Spätherbst teilen.	• Kann an ungeschützten Standorten durch Frost geschädigt werden. Nur die beschädigten Teile im späten Frühjahr kräftig zurückschneiden. • Steht ein kalter Winter bevor, am Ende des Sommers vorsichtshalber halbreife Stecklinge schneiden.
Gut dränierter Boden und viel Sonne.	Im Frühjahr pflanzen, dabei Grobsand einarbeiten. Im Sommer halbreife Abrissstecklinge nehmen. Im Gewächshaus überwintern.	• Setzen Sie die Pflanze an eine Mauer, wo sie im Winter vor Kälte und Nässe sicher ist. • Die Pflanze stirbt in feuchten Wintern leicht ab oder schießt hässlich auf. Achten Sie auf gute Dränage, auch im Kübel.
Gut dränierter Boden in voller Sonne, am besten geschützt.	Im Herbst oder Frühjahr pflanzen. Nicht regelmäßig schneiden, nur von der Wand abstehende Triebe nach der Hauptblüte zurückschneiden.	• Bei kaltem Wetter schützen Sie die Pflanze mit Stroh, das Sie mit Kükendraht abdecken. • Stängel können Augen und Haut reizen, tragen Sie beim Schneiden Handschuhe und Brille. • Gedeiht in Kreide- oder Kalkboden.
Viel Sonne und gut dränierter Boden sind wichtig.	Im zeitigen Frühjahr in einen beheizten Anzuchtkasten säen. Abhärten und im späten Frühjahr oder Frühsommer nach dem letzten Frost auspflanzen.	• Mittagsgold übersteht im Gewächshaus auch kalte Winter. Im Herbst ausgraben und eintopfen. • Blühen schlecht in nährstoffreichem oder frisch gedüngtem Boden. • 'Daybreak Bright Orange' blüht reichlich.
Gut dränierter, saurer oder neutraler Boden, am besten Halbschatten.	Im Frühjahr pflanzen, dabei Grobsand einarbeiten. Pflanzen durch Abtrennen von Schösslingen oder Teilung im Frühjahr vermehren.	• Pflanzen Sie nicht zu tief und füllen Sie eine Lage Kies ein, um sicherzugehen, dass sich kein überschüssiges Wasser am Wurzelhals sammelt. • Wirken gut in Mauerspalten, im Steingarten oder an gut dränierten Plätzen neben Stufen.
Wirkt am besten in gut dräniertem Boden bei viel Sonne.	Im Frühjahr pflanzen. Bei schwerem Boden Dränierung mit Grobsand verbessern. Regelmäßig ausputzen. Ältere Ballen im Frühjahr teilen.	• Die Prachtscharte kann auch im Halbschatten gezogen werden, blüht dann aber weniger. • Weiße Blüten hat 'Floristan Weiß', Fliederrosa bekommen Sie mit 'Kobold', und Violett mit 'Floristan Violett'.
Gut dränierter Boden in der Sonne oder lichtem Schatten.	Am besten im Frühjahr pflanzen. Auch Herbstpflanzung kann gelingen, wenn der Boden sehr gut dräniert ist. Im zeitigen Frühjahr in den Anzuchtkasten säen.	• Die kurzlebigen Vexiernelken können als Einjährige behandelt werden. Früh in den Anzuchtkasten gesät, blühen sie im ersten Jahr. • Ich mag besonders die Alba-Gruppe (weiß) und 'Angel's Blush' (weiß, rosa angehaucht).
Sonniger, geschützter Standort mit gut dräniertem Boden.	Im zeitigen Frühjahr aussäen, in Töpfe vereinzeln, abhärten und nach dem letzten Frost auspflanzen. Höhere Sorten brauchen eventuell eine Stütze.	• Regelmäßiges Entfernen verwelkter Blüten verlängert die Blühperiode. • Ich mag 'Torch' mit ihren kräftigen roten Blüten. Eine kleinere Pflanze mit kräftig orangefarbenen Blüten und gelben Zentren ist 'Goldfinger'.
Volle Sonne und gut dränierter Boden.	Im Frühjahr pflanzen. Falls nötig, Grobsand einarbeiten. Bei reifen Pflanzen Absenker mit Wurzelsystemen an der Basis entfernen und neu pflanzen.	• Bei Blattfleckenkrankheit schneiden Sie kranke Blätter aus oder spritzen Sie ein Fungizid. • Diese Trockenheit liebenden Pflanzen eignen sich gut für Töpfe und überstehen etwas Vernachlässigung im Sommer.
Gut dränierter Boden und viel Sonne.	Im zeitigen Frühjahr in einen Anzuchtkasten säen. Abhärten und nach dem letzten Frost auspflanzen. Sonst Direktsaat im späten Frühjahr.	• Nach dem Anwachsen möchten Zinnien nicht mehr gegossen werden. • Regelmäßiges Ausputzen verlängert die Blüte. • In kühlen Sommern fällt die Blüte oft enttäuschend aus. Diese Pflanzen brauchen Hitze.

SONNENANBETER
Die *Gazania* Chansonnette-Serie trägt sternförmige Blüten in kräftigen Farben, die die Sonne aufsaugen wie ein Schwamm.

ANSPRUCHSLOS
Viele der kleineren, Trockenheit liebenden Pflanzen wie diese *Lewisia* gedeihen an Orten, wo sonst fast nichts wächst.

SATTES GELB
Blühende Kletterpflanzen an einer sehr sonnigen, trockenen Mauer zu ziehen, kann schwierig sein, aber *Fremontodendron* – hier 'Pacific Sunset' – ist eine farbige, erfolgreiche Lösung dieses Problems.

Feuchte Standorte

WENN SIE EINE ECKE im Garten haben, die nass und feucht, womöglich auch noch schattig ist, vergeht Ihnen schnell die Lust an der Gartenarbeit. Das Geheimnis des Gärtnerns besteht darin, das Beste selbst aus Widrigkeiten zu machen – mit Pflanzen, die in dieser Umgebung gut gedeihen.

WEITERE PFLANZEN FÜR FEUCHTE STANDORTE

Montbretien *(Crocosmia)* S. 156 f.
Tränendes Herz *(Dicentra)* S. 98 f.
Taglilien *(Hemerocallis)* S. 156 f.
Funkien *(Hosta)* S. 158 f.
Weiderich *(Lythrum salicaria)* S. 132 f.
Schaumblüte *(Tiarella cordifolia)* S. 160 f.

GROSS UND STARK *rechts*
Es gibt verschiedene Arten und Sorten von Mädesüß, alle mit interessanten Blättern und unregelmäßigen Blütenständen. Hier dient *Filipendula purpurea* als Bodendecker.

PURPURGLANZ *unten*
Prachtspieren bringen in jedem feuchten Boden garantiert viele Blätter und ungewöhnliche Blüten hervor. Hier blüht die rosaviolette *Astilbe chinensis* var. *taquetii* 'Purpurlanze'.

PFLANZE	GRÖSSE	EIGENSCHAFTEN
PRACHTSPIERE *Astilbe*	H 30–60 cm B 40–90 cm	Die Blütenstände mit den weißen, gelben, violetten, roten oder rosa Blüten sehen aus wie Federn und blühen den ganzen Sommer über. Von der winterharten Staude gibt es viele Sorten mit geteilten Blättern.
SUMPFDOTTER-BLUME *Caltha palustris*	H 40 cm B 50 cm	Die goldgelben Blüten dieser winterharten Staude bringen im Frühjahr leuchtende Farbtupfer in sumpfige Ecken. Die großen, glänzenden, nierenförmigen Blätter sehen ebenfalls attraktiv aus.
GÖTTERBLUME *Dodecatheon*	H 45–60 cm B 20–30 cm	Die nickenden Blüten mit zurückgebogenen Blütenblättern und hervorstehenden Staubgefäßen wachsen an hohen Kerzen. Die meist winterharten Stauden blühen im Frühjahr weiß, violett, magenta oder rosa.
MÄDESÜSS *Filipendula*	H 30–60 cm B 30–45 cm	Diese auffällige Staude blüht von Hoch- bis Spätsommer. 'Kahome' ist meine Lieblingssorte wegen ihrer leuchtend rosa, fast schaumig aussehenden Blütenstände und ihrer leuchtend grünen Blätter.
WASSER-SCHWERTLILIE *Iris pseudacorus*	H 60–150 cm B 60–90 cm	Leuchtend gelbe Blüten zeigen sich gegen Ende des Frühjahrs, umgeben von Fächern aus schwertförmigen Blättern. Wenn Sie die Wasserschwertlilie in flachem Wasser pflanzen können, wird sie noch größer.
KARDINALS-LOBELIE *Lobelia cardinalis*	H 60–90 cm B 20–25 cm	Diese ausdauernde Lobelie wird Sie mit scharlachroten Blütenkerzen überwältigen und mit violett-grünen Blättern und Stängeln faszinieren. Sie ist nicht frosthart und blüht im Hoch- bis Spätsommer.
GAUKLER-BLUME *Mimulus cardinalis*	H 90 cm B 60 cm	Der deutsche Name deutet auf etwas Ausgefallenes, Buntes hin, und diese Staude enttäuscht nicht mit ihren gelbkehligen, beeindruckenden orangeroten Blüten, die sich den ganzen Sommer über zeigen.
HAHNENFUSS *Ranunculus aconitifolius*	H 60 cm B 45 cm	Die weißen Blüten dieser meist winterharten Staude zeigen sich in großer Zahl vom späten Frühjahr bis zum Hochsommer. Die gefüllte Variante 'Flore Pleno' trägt so viele Blüten, dass sie wie kleine Pompons wirken.
TROLLBLUME *Trollius × cultorum*	H 90 cm B 60 cm	Vom späten Frühjahr bis in den Sommer bringen auffällige gelbe oder orangefarbene Blüten Leben an sumpfige oder feuchte Standorte. Die Blätter dieser Staude erinnern an die der Butterblume.
WEISSE CALLA *Zantedeschia aethiopica*	H 75–90 cm B 50–60 cm	'Crowborough' ist sicher der Star unter den Callas, mit der weißen Spatha, die den gelben Kolben umschließt. Sie blüht von Mitte Frühjahr bis Frühsommer und ist, außer in sehr kalten Wintern, winterhart.

STANDORT	PFLEGE	TIPPS
Reichhaltiger, gut gedüngter, feuchter Boden, im Halbschatten.	Im Herbst oder Frühjahr pflanzen. Abstände je nach Sorte. Regelmäßig gießen, wenn der Boden nicht feucht ist. Ältere Pflanzen im Herbst teilen.	• Die Kerzen nicht abschneiden, wenn sie verwelkt sind. Sie nehmen im Herbst und Winter einen hübschen Braunton an. • Manchmal zerstören späte Fröste die Blüte. Halten Sie Vlies zum Abdecken bereit.
Feuchter oder sumpfiger Boden, an sonnigem Standort.	Im Herbst oder Frühjahr pflanzen. Außer an sehr feuchten Standorten gießen. Möglichst so pflanzen, dass die Wurzeln vor der Sonne geschützt sind.	• Sie können ältere Ballen im Herbst oder gleich nach Ende der Blüte teilen. • Sumpfdotterblumen gedeihen gut in ca. 12,5 cm tiefem Wasser. Sie können sie also auch in den Teich setzen.
Feuchter, nicht zu nasser Platz in voller Sonne oder lichtem Schatten.	Im Herbst oder Frühjahr pflanzen. Bei Bedarf reichlich organische Substanz geben. Ein kühler, halbschattiger Standort eignet sich am besten.	• Lassen Sie den Boden nie austrocknen. • Schnecken können am Anfang des Jahres zum Problem werden, greifen Sie rechtzeitig ein. • Teilen Sie ältere Ballen im zeitigen Frühjahr oder sobald die Blüten verwelkt sind.
Feuchter oder sumpfiger Boden in der Sonne oder im Halbschatten.	Im Herbst oder Frühjahr pflanzen. Gut feucht halten, besonders am Anfang und wenn die Erde zum Austrocknen neigt. Bei sonnigem Standort mulchen.	• Ungewöhnlich ist die Sorte *F. ulmaria* 'Aurea': Ihre Blätter sind golden, und sie wird sehr groß (1,5 m). • Die Pflanzen Mitte Herbst oder sehr zeitig im Frühjahr teilen, wenn Sie neue Pflanzen brauchen.
Sumpfboden oder 45 cm tiefes Wasser, Sonne oder Halbschatten.	Im Herbst oder zeitigen Frühjahr pflanzen. Bei genügend Wasser sehr pflegeleicht. Pflanzung in Teichkörbe erleichtert das Ausgraben und Teilen.	• Alle drei oder vier Jahre teilen, dadurch bleiben die Ballen gesund und blühen gut. • Damit Wasserschwertlilien die richtige Größe für einen kleinen Teich behalten, setzen Sie sie in Teichkörbe. Frei wachsend werden sie zu groß.
Feuchter bis sumpfiger Boden in der Sonne oder im Halbschatten.	Im Frühjahr pflanzen. Reichlich organische Substanz einarbeiten und gut gießen, wenn der Boden im Sommer austrocknet. Ältere Ballen im Frühjahr teilen.	• Schützen Sie den Wurzelhals im Winter mit einer dicken Decke aus Rindenmulch oder Farn unter einer Kuppel aus Kükendraht. • Die Kardinalslobelie ist zwar sehr auffällig, aber kurzlebig, selbst bei idealen Bedingungen.
Fruchtbarer, leicht saurer Boden in Sonne oder Halbschatten.	Am besten im Herbst oder Frühjahr pflanzen. Organische Substanz in das Pflanzloch geben, gut gießen und mulchen, bis die Pflanzen anwachsen.	• Ältere Ballen im Herbst oder Frühjahr teilen. • Blüten ziehen Bienen und andere Insekten an. • Achten Sie genau auf die Kennzeichnung – manche Sorten der Gauklerblume sind viel größer und breiten sich sehr leicht aus.
Sumpfiger Boden in Sonne oder lichtem Schatten.	Am besten im Herbst oder Frühjahr pflanzen. Lauberde oder gut abgelagerten Mist zugeben. Ältere Ballen teilen, sobald die Blüten verwelkt sind.	• Regelmäßiges Entfernen der verwelkten Blüten sollte zur Entwicklung neuer Blüten führen. • In Trockenperioden darauf achten, dass die Erde nie austrocknet und bei Bedarf gießen. Feuchten Boden eventuell mulchen.
Feuchter Standort in Sonne oder Halbschatten.	Am besten im Frühherbst bis Mitte Herbst pflanzen. Den Boden immer feucht halten und durch regelmäßiges Ausputzen die Blühperiode verlängern.	• Ältere Ballen im Herbst teilen. • Sie sind zwar mit den Butterblumen verwandt, breiten sich aber nicht so leicht aus. • Meine Lieblingssorten sind 'Orange Princess' (tieforange) und 'Lemon Queen' (hellgelb).
Sumpfiger Boden oder flacher Teich, in Sonne oder Halbschatten.	Wächst bei Pflanzung im Frühjahr besser an. In feuchtem Boden 10 cm tief pflanzen, im Wasser in einen Teichkorb in bis zu 15 cm Tiefe setzen.	• Ältere Rhizome im Spätsommer teilen. • Im Winter mit einer Mulchdecke schützen. • Bei Pflanzung im Wasser den Teich nicht gefrieren lassen – oder die Pflanzen ausgraben und in Körben lagern.

FEUCHTIGKEITSLIEBEND
Iris pseudacorus gedeiht auch in feuchter oder auch nasser Umgebung.

SCHARLACHROT
Mimulus cardinalis eignet sich hervorragend, um kräftig scharlachrote Tupfer in ein feuchtes Eck zu bringen. Weniger auffällig sind Kultursorten in sanfterem Gelb, Creme oder Orange.

KAPRIZIÖS
Die Blüten der Götterblume sehen wirklich aus wie kleine Himmelskörper, die zur Erde kommen.

Schattenplätze

SCHATTEN WERFENDE BÄUME bestimmten längere Zeit die Boden- und Lichtverhältnisse in meinem Garten – ich weiß, wie frustrierend das ist. Sonnenliebende Pflanzen werden nie so blühen, wie Sie es sich wünschen, trotzdem sorgen auch hier viele Pflanzen für erfrischend fröhliche Farbtupfer.

WEITERE PFLANZEN FÜR SCHATTIGE STANDORTE

Begonien (*Begonia*) S. 148 f.
Fingerhut (*Digitalis*) S. 42 f.
Winterling (*Eranthis hyemalis*) S. 154 f.
Storchschnabel (*Geranium*) S. 120 f.
Schneeglöckchen (*Galanthus nivalis*) S. 154 f.
Immergrün (*Vinca*) S. 158 f.

ANS LICHT *oben*
Ein schattiger Platz im Garten muss nicht farblos sein. Hier bringen *Corydalis flexuosa, Thalictrum, Dicentra* und *Milium effusum* Licht in den Garten.

GESTIEFELT UND GESPORNT *links*
Wählen Sie unter blauen, violettroten und rosa Formen der *Corydalis flexuosa*.

PFLANZE	GRÖSSE	EIGENSCHAFTEN
BERGENIE *Bergenia*	**H** 30–45 cm **B** 30–45 cm	Es ist kein Wunder, dass diese winterharte Staude so häufig gepflanzt wird – mit ihren immergrünen Blättern ist sie ein idealer Bodendecker, sie gedeiht im Schatten, und im Frühjahr blüht sie weiß oder rosa.
OKTOBER-SILBERKERZE *Cimicifuga simplex*	**H** 1,2–1,5 m **B** 60 cm	Von Spätsommer bis Mitte Herbst bringt diese winterharte Staude zahlreiche elegante, oft leicht gebogene Kerzen mit vielen kleinen, weißen oder cremefarbenen sternförmigen Blüten hervor.
GEFINGERTER LERCHENSPORN *Corydalis solida, C. flexuosa*	**H** 20–30 cm **B** 20–30 cm	Hübsche Blätter bilden vom zeitigen Frühjahr bis Frühsommer den Untergrund für Gruppen ebenso feiner gespornter Blüten. Diese Staude bildet Teppiche aus blauen, rosa, violetten oder roten Blüten.
GÄMSWURZ *Doronicum*	**H** 40–60 cm **B** 40–45 cm	Die Gämswurz ist erstaunlich vielseitig. Sie bringt im Frühjahr oder Frühsommer Leben in eine Schattenrabatte, doch diese gelbblühende, margeritenartige, winterharte Staude gedeiht fast überall.
ELFENBLUME *Epimedium*	**H** 20–40 cm **B** 20–30 cm	Es gibt kaum anmutigere Blumen als diese niedrigwachsende, winterharte Staude. Im Frühjahr bilden sich feine untertassen- oder tassenförmige Blüten in Weiß, Rosa, Violett, Gelb oder Rot.
HUNDSZAHN *Erythronium*	**H** 15–30 cm **B** 15–30 cm	Die hängenden, trompetenförmigen Blüten haben oft nach hinten gebogene Blütenblätter im späten Frühjahr. Die voll winterharten Zwiebelblumen blühen weiß, flieder, rosa oder gelb.
MÄDESÜSS *Filipendula*	**H** 60–180 cm **B** 45–60 cm	Kleine, luftige Blüten in Weiß, Rosa, Rot oder Creme bilden so reichliche Federbüsche, dass sie wie über der Pflanze schwebende Wolken aussehen. Diese winterharten Stauden blühen den ganzen Sommer.
FLEISSIGES LIESCHEN *Impatiens walleriana* Hybriden	**H** 20–30 cm **B** 20–30 cm	Fleißige Lieschen werden als nicht frostharte Einjährige behandelt und jedes Jahr neu gezogen. Sie bilden den ganzen Sommer bis zum Frühherbst Hügel in Rosa, Rot, Weiß, Violett, oder sie sind zweifarbig.
DREIBLATT *Trillium*	**H** 15–60 cm **B** 10–45 cm	Auffällige dreiblättrige Blüten sitzen einzeln über einer Gruppe von drei Blättern. Diese winterharte Staude blüht von Mitte Frühjahr bis zum zeitigen Frühsommer in Weiß, Rosa, Kastanienbraun und Grüngelb.
WALDSTEINIA *Waldsteinia ternata*	**H** 15 cm **B** 45 cm	Winzige Blüten in leuchtendem Gelb bedecken im Frühsommer den Boden wie ein dichter Teppich. Jede Blüte dieser ausdauernden Immergrünen hat hervorstehende Staubgefäße.

STANDORT	PFLEGE	TIPPS
Die Bergenie ist nicht sehr anspruchsvoll, bevorzugt aber Halbschatten.	Im Herbst oder Frühjahr pflanzen. Gut für Halbschatten, in der Sonne färben sich die Blätter kräftiger. Ältere Ballen im Herbst oder Frühjahr teilen.	•Viele interessante Arten sind erhältlich, blühen aber weniger als die Kulturhybriden. •Schöne Herbstblätter haben 'Bressingham Ruby' (kastanienbraun, unten karminrot) oder *B. purpurescens* (färbt sich violett).
Halbschatten mit feuchtem, am besten kalkfreiem Boden.	Im Herbst oder Frühjahr an einen geschützten Platz setzen. An weniger geschützten Stellen oder bei höher wachsenden Sorten sind Stützen erforderlich.	•Ältere Ballen im Herbst oder Frühjahr teilen. • Wenn Sie Oktober-Silberkerzen in die volle Sonne pflanzen, können die Blätter verbrennen. • Halten Sie bei trockener Witterung die Wurzeln feucht. Auch Mulchen ist angebracht.
Halbschatten mit dräniertem Boden.	Vorzugsweise im Herbst oder Frühjahr pflanzen. Zur Bodenverbesserung reichlich Reifkompost einarbeiten. Bei trockenem Wetter gut gießen.	• Am besten gewinnen Sie neue Pflanzen durch Teilen älterer Pflanzen im Frühjahr oder Herbst. • Pflanzen Sie *C. lutea*, die den ganzen Sommer über gelb blüht, und achten Sie auf *C. flexuosa* 'Purple Leaf' mit violett angehauchten Blättern.
Normaler Boden, Schatten, Halbschatten oder Sonne.	Im Herbst oder zeitigen Frühjahr pflanzen. Nach einigen Jahren werden die Pflanzen müde, deshalb regelmäßig im Herbst oder zeitigen Frühjahr teilen.	• Gedeiht in Kalkboden. • Regelmäßiges Ausputzen verlängert die Blüte. • Je tiefer der Schatten, desto höher wächst die Pflanze. Eventuell müssen Sie mit Zweigen stützen.
Gut dränierter, humusreicher Boden, Halbschatten oder volle Sonne.	Am besten im Herbst oder zeitigen Frühjahr pflanzen, dabei Lauberde nach Bedarf einarbeiten. Ältere Pflanzen im Herbst oder Frühjahr teilen.	• Während die Pflanzen anwachsen, gut feucht halten. So werden sie schnell üppig. • Eignet sich gut als Bodendecker im lichten Schatten unter Sträuchern. Außerdem verändern die Blätter im Laufe der Jahreszeiten ihre Farbe.
Feuchter Boden mit organischer Substanz und Halbschatten.	Am besten im Herbst pflanzen. Die Knollen vorher nicht austrocknen lassen. Einen Platz auswählen, der den ganzen Sommer über im Schatten liegt.	• Die Knollen gegen Ende des Sommers oder im Herbst teilen. • Blätter mit attraktiven rotbraunen Tupfen haben *E. dens-canis*, mit weißen, violetten oder rosa Blüten, und *E.* 'Pagoda' mit gelben Blüten.
Feuchter oder sumpfiger Boden, Halbschatten oder volle Sonne.	Im Herbst oder Frühjahr pflanzen. Kalidünger geben, um die Blüte zu fördern. Ältere Ballen im Herbst oder zeitigen Frühjahr teilen.	• Für kleinere Gärten eignet sich 'Kahome' (60 cm) oder *F. palmata* 'Nana' (45 cm), die beide rosa blühen. • An trockenen Standorten in voller Sonne gedeiht *F. vulgaris* mit weißen Blüten.
Schatten oder lichter Schatten, fruchtbarer Boden.	Gleich nach dem letzten Frost ins Freie pflanzen und gut feucht halten. Anzucht aus Samen kann schwierig werden, besser junge Pflanzen kaufen.	• Je schattiger der Standort, desto höher die Pflanzen. In tiefem Schatten werden sie unförmig. • Größere, auffälligere Pflanzen sind die Guinea-Hybriden, empfindliche Stauden mit rosa, gelb und grün geflammten Blättern.
Feuchter, saurer oder neutraler Boden, Halbschatten oder Sonne.	Am besten im Herbst pflanzen. Reichlich organische Substanz zugeben. Im Herbst ins Frühbeet oder Kalthaus säen.	• Es ist normal, wenn Ihr frisch gepflanztes Dreiblatt einige Zeit zum Eingewöhnen braucht. • Manche Dreiblätter können unter späten Frösten leiden, wählen Sie also nach Möglichkeit einen geschützten Standort.
Gut dränierter Boden im Halbschatten oder in der Sonne.	Im Herbst oder Frühjahr pflanzen. Breitet sich rasch aus, wenn der Boden feucht gehalten wird. Mischpflanzungen mit Zwiebelblumen wirken gut.	• Waldsteinia breitet sich mit Hilfe von Absenkern aus, die Vermehrung ist also einfach – im Spätsommer die neuen Pflänzchen abtrennen. • Ziehen Sie die Pflanzen in Töpfen vor, bis sie ein kräftiges Wurzelsystem entwickelt haben.

EXOTISCH
Die stachligen Blüten des Hundszahns erinnern mich an Pagoden, wie sie über den oft kompliziert gemusterten Blättern hängen.

LICHT IN DER DUNKELHEIT
Mit den weißen Blütenkerzen der *Cimicifuga simplex* 'Brunette' leuchtet auch eine schattige Ecke.

GANZ IN GELB
Die goldgelben Blüten der *Waldsteinia ternata* sind für einen schattigen Standort der ideale Bodendecker. Selbst wenn sie nicht blüht, sind ihre immergrünen Blätter attraktiv.

Blumen für Kalkböden

KALKHALTIGE, ALKALISCHE BÖDEN sind nicht gerade beliebt, geht man doch landläufig davon aus, dass nur wenige Pflanzen unter diesen Bedingungen gedeihen. In Wirklichkeit gibt es viele schöne Blumen, die auf Kalkboden wunderbar wachsen, sogar besser als auf saurem oder neutralem Boden.

WEITERE BLUMEN FÜR KALKBÖDEN

Anemone (*Anemone*) S. 108 f.
Glockenblumen (*Campanula*) S. 96 f.
Schachblumen (*Fritillaria*) S. 100 f.
Pfingstrosen (*Paeonia*) S. 54 f.
Ziersalbei (*Salvia*) S. 74 f.
Königskerze (*Verbascum*) S. 40 f.

ROSA HARMONIE
Setzen Sie *Dianthus* 'Becky Robinson' mit anderen rosablühenden Pflanzen zusammen, z. B. *Lobularia maritima* der Easter Bonnet-Serie *(Seite gegenüber, oben)*.

LA VIE EN ROSE *rechts*
Eine Kandidatin für die rosa Farbgruppe ist *Sidalcea* 'Elsie Heugh', die gut zu *Physostegia* 'Bouquet Rose', Nelken, Spornblumen, Leimkraut, Duftsteinrich oder Gladiolen passt.

HOCH HINAUS *links*
Die hochragenden Blütenstände großer Gladiolen-Hybriden wie der 'Georgette' brauchen Bambusstützen. Wenn Sie das vermeiden wollen, pflanzen Sie Zwergsorten oder kleinere Arten.

PFLANZE	GRÖSSE	EIGENSCHAFTEN
HUNDSKAMILLE *Anthemis tinctoria*	H 60–80 cm B 60–80 cm	Die farnartigen, leicht graugrünen Blätter bilden den Hintergrund für hübsche margeritenartige Blüten in Weiß oder Gelb, je nach Sorte. Diese Stauden blühen den ganzen Sommer über.
ROTE SPORNBLUME *Centranthus ruber*	H 60–75 cm B 60–75 cm	Gruppen winziger roter oder rosaroter Blüten bilden kompakte Blütenstände, die sich den Sommer über und bis in den Herbst öffnen. Die Blätter dieser bedingt winterharten Staude sind fleischig und graugrün.
NELKE *Dianthus*	H 25–40 cm B 20–30 cm	Nichts ist schöner als niedrig wachsende Nelken mit Blüten, die wie feste, zierliche Rosetten in Rosa, Violettrot oder Weiß aussehen. Sie bringen im Früh- und Hochsommer Farbe und Duft in den Garten.
GLADIOLE *Gladiolus*	H 90–120 cm B 15–20 cm	Leuchtende, auffällige Blüten wie offene Trompeten sitzen im Sommer an langen Blütenständen. Diese Staude gibt es in einer großen Auswahl an Farben wie Rot, Rosa, Orange, Gelb, Violett und Weiß.
DUFTSTEINRICH *Lobularia maritima*	H 10 cm B 20 cm	Kleine weiße, rosa oder fast violette Blüten in Gruppen bilden den ganzen Sommer über einen kräftigen Farbteppich. Diese Staude schießt nach dem ersten Jahr auf. Betrachten Sie sie als Einjährige.
GELENKBLUME *Physostegia*	H 120 cm B 60 cm	Diese ungewöhnliche Pflanze hat viereckige Stängel, die Kerzen aus kleinen röhrenförmigen Blüten in Lavendel, Rosa oder Weiß tragen. Die winterharte Staude blüht vom Hochsommer bis in den Herbst.
BLAUSTERN *Scilla siberica*	H 15–20 cm B 5–7,5 cm	Feine weiße oder blaue Blüten hängen im zeitigen Frühjahr wie kleine Glocken an den Blütenständen. Diese winterharte ausdauernde Zwiebelpflanze sieht unter Sträuchern, in Kübeln oder Rabatten gut aus.
PRÄRIEMALVE *Sidalcea*	H 60–90 cm B 50 cm	Diese winterharte Staude sieht aus wie eine Kreuzung zwischen Buschmalve (*Lavatera*) und Malve und bringt von Hoch- bis Spätsommer Kerzen mit offenen, trichter-förmigen Blüten in Rosa oder Weiß hervor.
BLASENLEIMKRAUT *Silene schafta*	H 15 cm B 30 cm	Diese halb immergrüne Staude bringt von Mitte des Sommers bis Früh- oder Mitte Herbst über ihren ausgebreiteten Büscheln mittelgrüner Blätter ständig hübsche blassrosa Blüten hervor.
GOLDRUTE *Solidago*	H 45–120 cm B 25–60 cm	Wie ihr deutscher Name besagt, sind das deutlichste Merkmal dieser winterharten Staude ihre goldgelben Blütenkerzen, die von Sommer bis Herbst erscheinen.

STANDORT	PFLEGE	TIPPS
Wählen Sie einen sonnigen Platz mit gut dräniertem Boden.	Am besten im Herbst oder Frühjahr pflanzen. Die Pflanzen müssen in der Regel nicht gestützt werden. Ältere Ballen im Frühjahr teilen.	• Verwelkte Blütenstände abschneiden, damit die Pflanzen weiterhin gut aussehen und blühen. • In der Rabatte am besten in Gruppen mit ungerader Zahl pflanzen. • Weiße Blüten hat *A. tinctoria* 'Alba'.
Gut dränierter, Kreide- oder Kalkboden, viel Sonne.	Spornblumen am besten im Herbst oder Frühjahr in sehr gut dränierten Boden pflanzen. Ältere Ballen alle drei bis vier Jahre im Frühjahr teilen.	• Spornblumen gedeihen in magerem Boden, düngen Sie also wenig. Bei Überdüngung werden die Pflanzen weniger kompakt und sollten ersetzt werden. • Sehr attraktiv für Schmetterlinge.
Gut dränierter, fruchtbarer Boden in Vollsonne oder Halbschatten.	Bis Mitte Herbst pflanzen. Im Gegensatz zu hohen Nelken brauchen sie keine Stütze. Im Sommer Stecklinge von Seitentrieben schneiden.	• Reichlich düngen, damit die Pflanzen in Form bleiben und gut blühen. Ersetzen, wenn sie nach ein paar Jahren aufschießen. • Brechen Sie im Frühjahr die Triebspitzen junger Pflanzen ab, damit sie buschig wachsen.
Sonniger Platz mit gut dräniertem Boden.	Knollen im Frühjahr pflanzen, 15 cm tief und auf 15–20 cm Abstand. Vor dem Pflanzen düngen und bei Bedarf Grobsand einarbeiten.	• Vor kalten Wintern die empfindlichen Knollen ausgraben und frostfrei im Schuppen trocknen lassen. Säubern und bis zum Frühjahr einlagern. • Brutknollen, die abgeteilt und bewurzelt werden, brauchen drei Jahre, bis sie blühen.
Gut dränierter Boden und viel Sonne.	Im zeitigen Frühjahr in Töpfe oder Saatschalen im Kalthaus oder Frühbeet säen bzw. Pflanzen in Paletten kaufen. Gegen Ende des Frühjahrs auspflanzen.	• Ausputzen verlängert die Blühperiode. • Duftsteinrich samt leicht selbst aus. Kultursorten fallen nicht echt aus, sind aber hübsch. • Auffällige Farben haben 'Oriental Night', 'Apricot Shades' oder 'Wonderland Red'.
Feuchter Boden mit organischer Substanz, Sonne oder lichter Schatten.	Im Herbst oder Frühjahr pflanzen. Bei leichtem Boden Kompost oder Lauberde geben. Bei Trockenheit gut gießen und um die Basis mulchen.	• Diese hübsche, schnellwachsende Pflanze breitet sich vielleicht zu schnell aus, teilen Sie sie jedes Jahr oder jedes zweite im Herbst oder Frühjahr. • Leuchtende rosa Blüten hat 'Vivid'. 'Summer Snow' und 'Crown of Snow' blühen weiß.
Humoser, aber gut dränierter Boden in lichtem Schatten.	Zwiebeln gegen Ende des Sommers oder im Frühherbst auf 5–7,5 cm Tiefe und Abstand pflanzen. Lauberde hinzufügen.	• Blausterne sehen auch verwildert gut aus, pflanzen Sie in unregelmäßigen Tuffs. • Um mehr Pflanzen zu bekommen oder alte zu ersetzen, teilen Sie dichte Ballen alle vier Jahre. • Reinweiße Blüten hat 'Alba'.
Sonne oder Halbschatten in fruchtbarem, feuchtem Boden	Sehr pflegeleicht. Am besten im Herbst oder Frühjahr pflanzen. Bei trockenem Wetter gut wässern und mulchen. Im Herbst oder Frühjahr teilen.	• 'Rose Queen' hat seidige mittelrosa Blüten, *S. candida* blüht weiß. • Arten können aus Samen gezogen werden. Im zeitigen Frühjahr ins Frühbeet säen. • Präriemalven sind gute Schnittblumen.
Gut dränierter, gut gedüngter Boden, volle Sonne.	Am besten im Herbst oder Frühjahr pflanzen, dann braucht Leimkraut wenig Pflege. Im zeitigen Frühjahr aussäen oder ältere Pflanzen im Herbst teilen.	• Ich mag die Sorte 'Shell Pink' mit ihrem feinen Farbton besonders gern. • Die Blüten ziehen Schmetterlinge und Bienen an und eignen sich besonders für lockere, naturnah wirkende Pflanzungen.
Sonne oder Halbschatten, gut dränierter, feuchter Boden.	Am besten im Herbst oder Frühjahr pflanzen. Pflegeleicht, braucht keine Stütze. Ältere Ballen alle drei oder vier Jahre teilen.	• Achten Sie bei warmem Wetter darauf, dass die Erde nicht ganz austrocknet. • Eine kleine, kompakte Pflanze ist die 'Golden Thumb' (oder 'Queenie'), die im Spätsommer blüht.

SCHÖNER FARBTEPPICH
Lobularia – hier *Lobularia maritima* Easter Bonnet-Serie – lassen sich leicht aus Samen ziehen und bilden schnell einen Farbteppich. Sie sind gute Lückenfüller im Pflaster oder als Wegeinfassung.

LUFTIGE HÖHEN
Gelenkblumen eignen sich sehr gut für Mitte oder Hintergrund einer Rabatte. Sie können Sie in Weiß pflanzen, oder eine Kultursorte wie 'Bouquet Rose' mit fliederrosa Blütenkerzen wählen.

Blumen für Gefäße

IN KÜBELN können Sie alles pflanzen, was Ihnen gefällt – völlig unabhängig von der Bodenbeschaffenheit ihres Gartens. Obwohl die Pflanzfläche in Kübeln relativ klein ist, lässt sie sich optimal nutzen. Kaum sind die Blumen verwelkt, können Sie sie bereits schon wieder durch neue ersetzen.

WEITERE BLUMEN FÜR KÜBEL

Krokus (*Crocus*) S. 154 f.
Mittagsgold (*Gazania*) S. 140 f.
Fleißige Lieschen (*Impatiens*) S. 144 f.
Zwergnarzissen (*Narcissus*) S. 104 f.
Kapuzinerkresse (*Tropaeolum majus*) S. 160 f.
Stiefmütterchen/Veilchen (*Viola*) S. 116 f.

HOCHRAGEND *Brachyscome iberidifolia* neigt zu hohem Wuchs und Seitenlage, daher eignet sie sich hervorragend als Kübelpflanze.

ROSAROTE *unten*
Mir sind die meisten Petunien zu kräftig. In Verbindung mit anderen Blumen in feineren Rosatönen sehen sie aber gut aus.

Pelargonien geben der Bepflanzung Höhe

Verwelkte Petunienblüten entfernen

Terrakottatopf passend zu den Blütenfarben

PFLANZE	GRÖSSE	EIGENSCHAFTEN
KNOLLEN-BEGONIEN *Begonia*	H 30–60 cm B 30 cm	Es gibt kleine, feine Begonienblüten ebenso wie üppige Schönheiten, die an Kamelien erinnern. Sie blühen in Weiß, Rosa, Rot, Gelb, Orange oder Creme den ganzen Sommer über bis in den Frühherbst.
ZWEIZAHN *Bidens ferulifolia*	H 45–60 cm B 45 cm	Mit sternförmigen, gelben Blüten und farnartigen Blättern ist der Zweizahn eine ideale Kübelpflanze für den Sommer. Er ist zwar ausdauernd, sollte aber als nicht frostharter Einjähriger behandelt werden.
KURZSCHOPF *Brachyscome iberidifolia*	H 15–30 cm B 15–30 cm	Diese hübschen Blumen sind mit einem Wort beschrieben – schwindelerregend! Die buschige, nicht frostharte Einjährige blüht in Weiß, Blau oder Violett mit leuchtend gelbem Zentrum den ganzen Sommer.
FUCHSIE *Fuchsia*	Sehr unterschiedlich, beachten Sie das Etikett	Die hängenden Blüten erinnern an Glocken in Weiß, Rot, Violett, Rosa oder Flieder und blühen den ganzen Sommer über bis in den Herbst. Fuchsien können frostempfindlich bis winterhart sein.
STRAUCH-VERONIKA (KLEIN) *Hebe*	H 30–90 cm B 30–75 cm	Wenn Sie kleine, winterharte Arten oder Sorten wählen, eignen sich diese immergrünen Pflanzen gut für Kübel. Weiße, rosa, rote, violette oder blaue Blüten entwickeln sich vom Hochsommer bis in den Herbst.
LOBELIE *Lobelia erinus*	H 15 cm B 15 cm	Zahllose kleine edelsteinartige Blüten in hellen Pastelltönen, Weiß oder leuchtendem Blau, Rot, Rosa oder Flieder bedecken diese winterharten Einjährigen durchgehend vom Frühjahr bis zum ersten Frost.
PELARGONIE *Pelargonium*	H 30–60 cm B 20–45 cm	Jede der zahlreichen Pelargoniensorten eignet sich als Kübelpflanze. Alle blühen meist den ganzen Sommer über, in Weiß, Rosa, Rot oder Violett. Manche haben auch duftende oder dekorative Blätter.
PETUNIE *Petunia*	H 20–30 cm B 30–50 cm	Diese unkomplizierten, auffälligen Blumen bieten einfache oder gefüllte trompetenförmige Blüten in Weiß, Gelb, Rosa, Rot, Violett, Creme, manchmal sogar Grün, bis zum ersten Frost.
GROSSBLÜTIGER PORTULAK *Portulaca grandiflora*	H 15–20 cm B 20 cm	Wie aus Seide in den leuchtendsten Farben genäht wirken diese offenen, rosenartigen Blüten in Rosa, Rot, Gelb, Orange oder Weiß. Die nicht frostharte Einjährige blüht von Sommer bis Mitte Herbst.
EISENKRAUT *Verbena*	H 20–25 cm B 30 cm	Runde Blütenstände in Weiß oder Rosa, Violett, Creme oder Rot von Hochsommer bis zum ersten Frost. Am besten als nicht frostharte Einjährige behandeln. Es gibt aufrechte und hängende Sorten.

STANDORT	PFLEGE	TIPPS
Halbwegs dräniertes, feuchtes Substrat in lichtem Schatten.	Vorgezogene Pflanzen kaufen oder Knollen im zeitigen Frühjahr in Zuchttöpfe setzen. Nach dem letzten Frost ins Freie, feucht, nicht nass halten.	• Mit Kalipräparat düngen. • Begonien mögen keine Sonne, sie wirken daher am besten im Schatten. • Wenn die Pflanzen im Herbst abgestorben sind, Knollen in trockenem Substrat frostfrei lagern.
Normaler Boden oder Substrat, in der Sonne oder Halbschatten.	Pflanzen kaufen oder im zeitigen Frühjahr in einen beheizten Anzuchtkasten säen. Pflanzen abhärten und nach dem letzten Frost auspflanzen.	• Die Triebspitzen Ihrer selbstgezogenen Pflanzen ausbrechen, wenn sie 5–7,5 cm hoch sind, damit sich Zweige und ein buschiger Wuchs entwickeln. • 'Golden Goddess' gedeiht anscheinend auch bei extremer Witterung im Sommer.
Gut dräniertes Substrat, sehr sonniger, geschützter Standort.	Im Frühjahr Pflanzen kaufen oder säen. Pflanzen eintopfen und vor dem Auspflanzen im späten Frühjahr abhärten. Ausputzen verlängert die Blüte.	• Arten und höhere Sorten neigen sich zur Seite – stützen Sie sie unauffällig mit Zweigen. • Schaffen Sie Farbakzente mit einer einzigen Sorte. Ich benutze dafür 'Splendour White' oder 'Splendour Purple'.
Gut dräniertes Substrat in der Sonne oder Halbschatten.	Nach dem letzten Frost ins Freie. Feucht halten und düngen, regelmäßig ausputzen. Im Frühjahr geschnittene Weichholzstecklinge bewurzeln gut.	• Durch Ausbrechen von Triebspitzen früh in der Saison wird die Pflanze schön buschig. • Achten Sie auf Winterhärte. Diese Pflanzen im Winter mulchen, empfindliche ausgraben und im kalten Gewächshaus überwintern.
Viel Sonne und gut dräniertes Substrat.	Strauchveronika am besten im Herbst oder Frühjahr pflanzen. Sie mögen weder zu viel noch zu wenig Wasser. Also gut dränieren und regelmäßig gießen.	• Halbreife Abrissstecklinge gegen Ende des Sommers nehmen. • Setzen Sie an die Basis der Strauchveronika Frühlings- oder Herbstblüher als Ablösung. • Aufgeschossene Stängel im Frühjahr schneiden.
Gut dräniertes Substrat, feuchthalten, Sonne oder Halbschatten.	Pflanzen kaufen oder im Frühjahr in einen beheizten Anzuchtkasten säen. Pikieren, eintopfen und abhärten. Nach dem letzten Frost ins Freie.	• Lobelien gut feucht halten und düngen. • Sämlinge sind anfällig für die Umfallkrankheit. Gießen Sie Saatschalen und junge Pflanzen ab und zu mit einem Kupferfungizid. • Pflanzen, die schäbig aussehen, wegwerfen.
Gut dräniertes Substrat, sonniger Standort.	Pflanzen kaufen, gleich zu Frühjahrsbeginn säen. Im Frühjahr oder Sommer Weichholzstecklinge schneiden. Abhärten und nach dem letzten Frost ins Freie.	• Pelargonien brauchen viel Dünger. • Regelmäßiges Ausputzen verlängert die Blühperiode und reduziert das Grauschimmelrisiko. • Für Hängekörbe und Fensterkästen Hängepflanzen verwenden.
Gut dräniertes Substrat in viel Sonne.	Pflanzen kaufen oder im zeitigen Frühjahr in einen beheizten Anzuchtkasten säen. Pikieren, abhärten und nach dem letzten Frost ins Freie.	• Mit Kalipräparat düngen. • Die kleinen, hübschen Blüten der Carillon-Serie wirken feiner. • Hängeformen können größer (bis zu 40 cm) und breiter werden (bis zu 90 cm).
Gut dräniertes Substrat, viel Sonne.	Pflanzen sind überall erhältlich; Aussaat im zeitigen Frühjahr in einen beheizten Anzuchtkasten. Pikieren, abhärten und nach dem letzten Frost ins Freie.	• Nicht überdüngen. Wenn sie zu gut versorgt werden, blühen sie weniger. • Gut geeignet als Bodendecker im Sommer. • Wenn Sie gefüllte Blüten mögen, suchen Sie nach der F2-Hybride Calypso.
Viel Sonne, jeder Boden oder Substrat.	Pflanzen kaufen oder im zeitigen Frühjahr in einen Anzuchtkasten säen. Im Frühsommer Weichholzstecklinge schneiden, im Gewächshaus überwintern.	• Nach der Aussaat in einem Anzuchtkasten im Dunkeln halten, um die Keimung zu verbessern. • Gegen Mehltau mit einem Fungizid spritzen. • 'Silver Anne' (blassrosa) ist eine schöne Hängeform.

GUT GEFÜLLT
Hängekörbe dicht mit Pflanzen besetzen und gut gießen und düngen.

SCHÖNES GRÜN
Immergrüne, winterharte Strauchveronika ist das ganze Jahr über schön.

HÄNGEND *unten*
Hängende Stängel erzielen in Kübeln eine hübsche Wirkung.

Blumen für die Vase

WENN SIE den Platz dazu haben, pflanzen Sie Schnittblumen, die später Ihr Heim verschönern - achten Sie darauf, dass Ihre Lieblingsblumen mit von der Partie sind. Natürlich eignen sich fast alle Gartenblumen für die Vase, manche machen sich darin jedoch besonders gut.

WEITERE BLUMEN FÜR DIE VASE

Stockrosen (*Alcea rosea*) S. 44 f.
Zierlauch (*Allium*) S. 50 44 f.
Sonnenblumen (*Helianthus*) S. 82 44 f.
Iris (*Iris*) S. 60 44 f.
Duftwicken (*Lathyrus odoratus*) S.56 44 f.
Lilien (*Lilium*) S. 62 44 f.

SONNENSTRAHLEN *oben*
Mit den kräftigen, leuchtenden Blüten des *Arctotis fastuosa* 'Monarch of the Veldt' – jede bis zu 5 cm groß – bringen Sie Wärme in jeden Raum.

FREMDARTIG *links*
Es ist leicht zu erkennen, warum *Molucella laevis* Muschelblume heißt. Die leicht fremdartige Form der Blüten erinnert mich an grüne Fledermausohren.

PFLANZE	GRÖSSE	EIGENSCHAFTEN
SCHAFGARBE *Achillea*	**H** 90 cm **B** 60 cm	Große runde, flache Blütenstände (bis zu 15 cm Durchmesser) aus zahlreichen kleinen gelben Blüten entwickeln sich an dieser winterharten Staude von Sommer bis Frühherbst.
INKALILIE *Alstroemeria aurantiaca*	**H** 30–100 cm **B** 30–90 cm	Diese exotischen, orchideenartigen Blumen sind bis -10 °C frosthart und pflegeleicht. Sie blühen von Hochsommer bis Spätherbst in Weiß, Creme, Rot, Orange, Gelb oder Lavendel.
BÄRENOHR *Arctotis × hybrida*	**H** 30–45 cm **B** 30 cm	Diese schönen margeritenartigen Blumen gibt es in Weiß, Rot, Orange, Creme, Rosa oder Rotbraun. Sie blühen fast den ganzen Sommer über. In kaltem Klima werden sie als nicht frostharte Einjährige gezogen.
KAISERKRONE *Fritillaria imperialis*	**H** 1,5 m **B** 30 cm	Die hohen Blütenstände der Kaiserkronen, von denen jeder einen Kranz hängender, tulpenförmiger Blüten in Rot, Orange oder Gelb trägt, sind ungewöhnliche Schnittblumen. Sie blühen im Frühsommer.
SCHLEIERKRAUT *Gypsophila paniculata*	**H** 60–120 cm **B** 25–100 cm	Kein Florist kommt ohne Schleierkraut aus, mit seinen großen, feinen Blütenwolken in Weiß oder Blassrosa. Diese winterharte Staude blüht von Hochsommer bis Mitte Herbst.
IRIS *Iris pallida*	**H** 60–90 cm **B** 25–30 cm	Von dieser Irisart gibt es Kultursorten in fast jeder Farbe. Sie haben alle verzweigte Stängel mit mindestens sechs Blüten, die meist angenehm duften. Sie blühen von Früh- bis Hochsommer.
WINTERJASMIN *Jasminum nudiflorum*	**H** 4–4,5 m **B** 1,8–2,1 m	Im Winter sind die blassgelben Blüten an dunkelgrünen Stängeln, die von Ende Herbst bis ins zeitige Frühjahr blühen, ein schöner Anblick. Diese winterharte Pflanze rankt sich am liebsten an Mauern hoch.
MUSCHELBLUME *Moluccella laevis*	**H** 60–90 cm **B** 30 cm	Ihre Stängel scheinen grüne, trompetenförmige Blüten zu tragen, doch das sind nur grüne Glöckchen, die winzige weiße, duftende Blüten einhüllen. Die Einjährige blüht von Hochsommer bis Frühherbst.
LAMPIONPFLANZE *Physalis alkekengi*	**H** 60–90 cm **B** 60–90 cm	Die Lampionpflanze ist vor allem wegen ihrer Samenstände beliebt. Die orangeroten, Lampions dienen der später entstehenden orangen Beere als Hülle. Eine schnellwachsende, winterharte Staude.
SKABIOSE *Scabiosa caucasica*	**H** 45–60 cm **B** 45–60 cm	Diese winterharte Einjährige wird manchmal auch Nadelkissenblume genannt und blüht in Lavendel, Altweiß oder dem echten Wedgewood-Blau fast den ganzen Sommer über.

STANDORT	PFLEGE	TIPPS
Gut dränierter Boden mit viel Sonne.	Pflanzen im Winter oder zeitigen Frühjahr setzen oder in einen beheizten Anzuchtkasten säen. Ältere Pflanzen im Frühjahr teilen.	• An ungeschützten Standorten können die Stängel eine Stütze brauchen. • Meine Lieblingsschnittblume ist *A. filipendulina* 'Cloth of Gold'. • Schafgarbe eignet sich gut als Trockenblume.
Gut dränierter Boden und viel Sonne.	Vor dem Pflanzen Garten-kompost einarbeiten. Nach dem letzten Frost pflanzen. Die Spitze der Knolle sollte 2,5 cm unter der Bodenoberfläche liegen.	• Ältere Ballen im Frühjahr teilen. • Im Herbst den Wurzelhals mit einer tiefen Schicht Rindenmulch bedecken. • Schnittblumen gleich schneiden, wenn sich die ersten Blüten am Stängel öffnen.
Gut dränierter Boden und viel Sonne.	Pflanzen kaufen oder im Frühjahr ins Frühbeet säen. Nach dem letzten Frost auspflanzen, gut angießen. Gelegentlich mit Kalipräparaten düngen.	• Bei bedecktem Himmel und gegen Abend schließen sich die Blüten, öffnen sich aber, wenn die Sonne wieder kommt. • Samen gibt es für eine oder gemischte Farben, sie alle eignen sich gut als Schnittblumen.
Eher schwerer Boden, in der Sonne oder Halbschatten.	Im Herbst pflanzen, zur Bodenverbesserung reichlich Gartenkompost einarbeiten. Gut düngen und feucht halten.	• Kaiserkronen lassen sich nicht gut vermehren, kaufen Sie also jeweils neue Zwiebeln. • Sie blühen möglicherweise nicht, wenn sie nicht in Ruhe anwachsen können. • Die Blüten riechen für manche unangenehm.
Gut dränierter, alkalischer oder neutraler Boden und viel Sonne.	Am besten im zeitigen Frühjahr pflanzen. Hohe Sorten brauchen eine unauffällige Stütze aus Zweigen. Weichholzstecklinge im Frühsommer schneiden.	• Wenn Sie einen blühenden Stängel für die Vase schneiden, regt das die Pflanze zur Neubildung an. • 'Festival White' ergibt eine kompakte Pflanze, 'Bristol Fairy' hat weiße, gefüllte Blüten.
Gut dränierter Boden (am besten leicht kalkig) mit viel Sonne.	Die Rhizome zwischen Hochsommer und Frühherbst pflanzen. Sie sollten halb über der Bodenoberfläche sitzen und zur Sonne gedreht sein.	• Ballen können alle drei bis vier Jahre geteilt werden. Alte Rhizome wegwerfen, frische Teile wieder einpflanzen. • In den ersten drei bis vier Wochen regelmäßig gießen.
Gut dränierter Boden an einer Mauer oder senkrechten Fläche.	Am besten im Herbst oder Frühjahr pflanzen. Winterjasmin braucht vor der Mauer ein Gerüst, an dem er ranken kann.	• Im Hoch- bis Spätsommer geschnittene halbreife Stecklinge bewurzeln meist leicht. • Um frühe Blüten zu bekommen, bringen Sie die Stängel in einen kühlen Raum, wenn die Knospen dicker werden.
Sonniger Platz mit gut dräniertem, fruchtbarem Boden.	Im zeitigen Frühjahr in einen beheizten Anzuchtkasten säen, abhärten, nach dem letzten Frost auspflanzen. In mildem Klima Direktsaat möglich.	• Muschelblumen wirken nicht nur in der Vase, sondern auch in Rabatten und Trockengestecken. • Zum Trocknen Stängel schneiden, bevor sie welken, und kopfunter luftig aufhängen.
Normaler Gartenboden, volle Sonne oder Halbschatten.	Am besten im Herbst oder Frühjahr pflanzen. Ältere Pflanzen im frühen Frühjahr teilen. Auch geneigte Stängel sehen hübsch aus.	• Unter den richtigen Bedingungen breiten sich Lampionpflanzen leicht aus. Stechen Sie im Herbst mit einem scharfen Spaten um die Wurzel. • Beim Trocknen aufrecht stellen, damit die Lampions nach unten zeigen.
Gut dränierter Boden in viel Sonne.	Im Frühjahr direkt ins Freie säen und auf 45-60 cm Abstand ausdünnen. Bei Bedarf regelmäßig verwelkte Blüten entfernen.	• Diese Blumen ziehen Bienen und Schmetterlinge an. • Intensiv blaue Blüten hat 'Fama'. Sie hat hohe Stängel, sodass sie sich sehr gut für hohe Gestecke eignet.

LÄNDLICH GESITTET
Mit einem Strauß Skabiosen in einem einfachen Krug bringen Sie eine ländliche Atmosphäre ins Haus.

MEHRFACHNUTZEN *rechts*
Wenn die trockenen Samenstände der Lampionpflanze sich auflösen, bleibt sie eine hübsche Netzlaterne.

GEKRÖNTE HÄUPTER
Ich mag Kaiserkronen in großen Gestecken, allerdings nicht für kleine Räume – der Duft ist überwältigend! Stellen Sie sie in die Diele oder auf einen Treppenabsatz.

Pflanzen zum Trocknen

TROCKENBLUMEN ERFREUEN Sie das ganze Jahr über. In Gestecken wirken dekorative Samenstände besonders reizvoll. Sorgen Sie auch im Garten dafür, dass einige über Winter an der Pflanze stehen bleiben können. Mit Raureif bedeckt sehen sie wunderschön aus, und die Vögel schätzen die Samen.

WEITERE BLUMEN FÜR TROCKENGESTECKE

Stockrosen (*Alcea rosea*) S. 44 f.
Zierlauch (*Allium*) S. 50 f.
Diptam (*Dictamnus Albus*) S. 130 f.
Jungfer im Grünen (*Nigella*) S. 72 f.
Lavendel (*Lavandula*) S. 70 f.
Lampionpflanze (*Physalis alkekengi*) S. 150 f.

ANMUTIG *links und unten*
Diese *Lunaria annua variegata* ist monatelang schön: zuerst mit den elegant geflammten Blättern und hübschen rosa Blüten, im Herbst dann mit silbrigen Samenständen.

KUGELIG *rechts*
Im Sommer trägt *Echinops ritro* 'Veitch's Blue' Kugeln aus kleinen fliederviolettten Blüten, von denen noch Reste auf den verwelkten Blumen zu sehen sind.

PFLANZE	GRÖSSE	EIGENSCHAFTEN
AKANTUS *Acanthus mollis*	**H** 1,2 m **B** 90 cm	Diese meist winterharte Staude hat große Blätter, die im Herbst absterben und im Frühjahr wieder erscheinen. Die stattlichen rosa oder weißen Blütenstände zeigen sich im Frühsommer und trocknen gut.
PAPIER-KNÖPFCHEN *Ammobium alatum*	**H** 45–60 cm **B** 45 cm	Diese nicht frostharte Einjährige bringt kleine silberweiße Blüten hervor, jede mit einem großen gelben Zentrum. Die Blüten bilden sich an geflügelten Stängeln von Frühsommer bis Mitte Herbst.
PERLKÖRBCHEN *Anaphalis margaritacea*	**H** 60–75 cm **B** 60–75 cm	Vom Hochsommer bis in den Herbst ist diese schnellwachsende Staude mit kleinen weißen, gut trocknenden Blüten besetzt. Die Blätter sind flaumig und erscheinen daher silbergrau.
KUGELDISTEL *Echinops*	**H** 1,2–1,8 m **B** 30–90 cm	Stachlige, kugelförmige Blütenstände in Metallicblau bis Violett zeigen sich an dieser schnellwachsenden winterharten Staude von Hochsommer bis Frühherbst. Sie wirken hervorragend in Trockengestecken.
IRIS *Iris foetidissima*	**H** 50 cm **B** 30 cm	Zwar sind ihre grau-rosa Blüten im Frühsommer schön, doch sie kommt erst im Herbst richtig zur Geltung, wenn sich ihre beeindruckenden Samenstände öffnen und orangerote oder gelbe Samen freigeben.
GARTEN-STROHBLUME *Helichrysum bracteatum*	**H** 40–150 cm **B** 30–40 cm	Strohblumen werden eher als Einjährige gezogen und bringen von Hochsommer bis Mitte Herbst eine Reihe gelber, goldener, rosa-orangefarbener oder rotbrauner Blüten hervor. Sie trocknen besonders gut.
MEERLAVENDEL *Limonium sinuatum*	**H** 30–60 cm **B** 30 cm	Meerlavendel wächst an der Mittelmeerküste und hält warme, salzige Winde aus – ideal zum Trocknen. Von Hochsommer bis Frühherbst zeigen sich die länglichen Blüten in Violett, Gelb, Weiß, Rot oder Blau.
SILBERLING *Lunaria annua*	**H** 90 cm **B** 60 cm	Die weißen oder violetten Blüten im Frühsommer sind zwar hübsch, doch wirklich interessant sind das Grün und die später silbrigen, scheibenartigen Samenstände des zweijährigen Silberlings.
TEPPICHKA-MILLE *Matricaria*	**H** 15–60 cm **B** 15–45cm	Diese nicht frostharte Einjährige bringt den ganzen Sommer über einfache oder gefüllte margeritenartige Blüten in Weiß oder Gelb hervor. Die buschigen Blätter sind frisch grün und duften charakteristisch.
BRANDKRAUT *Phlomis fruticosa*	**H** 90 cm **B** 90 cm	Mit seinen kapuzenförmigen Blüten erinnert es mich an eine übergroße Taubnessel mit silbrigen Blättern. Gelbe Blüten zeigen sich den ganzen Sommer über an diesem meist winterharten immergrünen Strauch.

STANDORT	PFLEGE	TIPPS
Gut dränierter Boden, volle Sonne oder lichter Schatten.	Im Frühjahr pflanzen, bei Neigung zur Feuchtigkeit im Winter Grobsand einarbeiten. Vermehrung am leichtesten durch Teilung im Frühjahr.	• In kalten Gegenden als Winterschutz den Wurzelhals mit Rindenmulch abdecken. • Sehr anfällig für Echten Mehltau. Wenn die Krankheit früh in der Saison auftritt, sollten Sie ein geeignetes Fungizid spritzen.
Braucht gut dränierten Boden und viel Sonne.	Spät im Winter bis zeitig im Frühjahr in den Anzuchtkasten säen. Abhärten und nach dem letzten Frost auspflanzen. Nach dem Anwachsen wenig gießen.	• Dann schneiden, wenn die meisten Blüten am Stängel sich zu öffnen beginnen. • Wie andere Immortellenartige sollten sie locker zusammengebunden, kopfunter in einem gut gelüfteten Schuppen getrocknet werden.
Gut dränierter, aber humoser Boden in viel Sonne.	Im Herbst oder Frühjahr auspflanzen (Frühjahr ist besser, wenn der Boden im Winter feucht wird). Bei Trockenheit gut gießen.	• Ältere Pflanzen können im Frühjahr oder Herbst geteilt werden. • Für kleinere Plätze eignet sich die kompakte Sorte 'Neuschnee', die bei gleichem Umfang nur 45 cm hoch wird.
Sonniger Platz mit gut dräniertem Boden.	Im Herbst oder Frühjahr pflanzen. Bei Bedarf Grobsand einarbeiten. Ältere Ballen dann teilen, Ende Herbst Wurzelstecklinge schneiden.	• Zieht Bienen, Schmetterlinge und Vögel an. • Blühen gut an sehr trockenen Standorten und magerem oder kalkigem Boden. • Zum Trocknen am besten kurz vor Erscheinen der winzigen violetten Blüten schneiden.
Braucht eher feuchten Boden in Halbschatten.	Gegen Ende des Sommers oder im Frühherbst pflanzen. Ältere Ballen dann teilen oder Samen behalten und direkt ins Freie säen.	• Die Stängel mit den Samenständen schneiden, wenn die Hülsen sich gerade öffnen. In aufrechter Stellung trocknen, sonst fallen die Samen heraus. • Die Blätter riechen unangenehm, wenn sie geschnitten oder zerdrückt werden.
Gut dränierter Boden und viel Sonne.	Im Frühjahr pflanzen. Im späteren Frühjahr direkt an den Platz, im zeitigen Frühjahr in einen beheizten Anzuchtkasten säen.	• Höhere Sorten brauchen an ungeschützten Standorten eventuell eine Stütze. • Zum Trocknen kurz vor der vollen Öffnung der Blüten schneiden und in Sträußen in einen luftigen Schuppen hängen.
Gut dränierter, alkalischer oder neutraler Boden, volle Sonne.	Im Frühjahr nach dem letzten Frost pflanzen. Ein- oder mehrfarbige Pflanzen können Sie im zeitigen Frühjahr in einen beheizten Anzuchtkasten säen.	• In Sträußen in einem luftigen Schuppen oder der Garage trocknen. • Für kleinere Gärten eignet sich 'Dwarf Biedermeier Strain', der nur 25–30 cm hoch wird. • 'Pastel Shades' hat gedämpftere Farben.
Mag gut dränierten Boden in lichtem Schatten.	Am besten im Herbst oder Frühjahr pflanzen. Pflegeleicht. Für die Blüte im folgenden Jahr im Frühjahr oder Frühsommer direkt an den Platz säen.	• Braucht keine Stütze. • Die Stängel im Spätsommer schneiden, bevor die Samen voll entwickelt sind. So werden sie im Herbst nicht von Wind und Regen verdorben. • 'Alba Variegata' hat hübsche geflammte Blätter.
Gut dränierter Boden in voller Sonne oder Halbschatten.	Im Frühjahr in einen beheizten Anzuchtkasten säen. Abhärten und nach dem letzten Frost auspflanzen. Samt leicht selbst aus.	• Zwei meiner Lieblinge sind 'Butterball' mit dichten gelben Blüten und 'Bridal Robe' mit gefüllten weißen Blüten. • Schneiden, wenn die Blüten sich gerade öffnen und in Sträußen im luftigen Schuppen trocknen.
In voller Sonne mit gut dräniertem Boden.	Im Frühjahr pflanzen, reichlich Grobsand einarbeiten. Nicht regelmäßig schneiden. Halbreife Stecklinge im Spätsommer oder Herbst schneiden.	• Feuchtigkeit im Winter bringt Brandkraut um, schneiden Sie bei Bedarf Stecklinge, die Sie in gut dräniertem Substrat im Frühbeet überwintern. • Lassen Sie einige Stängel in der Rabatte, damit sie von Rauhreif überzogen werden.

Winzige Blüten auf Nadeln

FARBKONSTANT
Limonium sinuatum Fortress-Serie (*oben*) und 'Forever Gold' (*oben rechts*) behält beim Trocknen seine leuchtenden Farben.

Hülsen öffnen sich und geben die Samen frei

Samenstand der *Iris foetidissima*

FEUERKUGELN *oben*
Die Blüten der *Iris foetidissima* – hier *I. foetidissima* var. *citrina* – sind schön, aber besonders attraktiv sind die leuchtend roten oder gelben Samen, die im Herbst aus den großen Hülsen quellen.

EWIGE JUGEND *rechts*
Strohblumen halten nach dem Trocknen lange die Farben. Erst nach einigen Jahren verblassen sie. Diese gehören zur King Size Serie.

Winter- und erste Frühjahrsblumen

Obwohl ich kalte Winter mag, warte ich doch gespannt auf die ersten Schneeglöckchen, die mir den Frühling ankündigen. Auch während der kalten Jahreszeit muss Ihr Garten nicht völlig kahl aussehen – schon mit ein oder zwei reizvollen Winterblühern erzielen Sie eine große Wirkung.

WEITERE WINTER- UND FRÜHJAHRSBLUMEN

Anemone (*Anemone blanda*) S. 108 f.
Christrosen (*Helleborus*) S. 114 f.
Iris (*Iris foetidissima*) S. 152 f.
Winterjasmin (*Jasminum nudifl.*) S. 150 f.
einige Narzissen (*Narcissus*) S. 104 f.
Veilchen/Stiefmütterchen (*Viola*) S. 116 f.

FLOWER POWER Die Blüten von *Cyclamen coum* und *Galanthus nivalis* sind vielleicht winzig, aber ihre Wirkung im winterlichen Garten, wo sonst kaum etwas blüht, ist riesig.

KRÄFTIG LEUCHTEND *unten* Die leuchtenden Blütenfarben von Krokussen erstaunen mich immer wieder. Sie passen fast besser zum Sommer als zum Winter oder Frühjahr. An sonnigen Tagen öffnen sich die Blüten wie kleine Sterne.

PFLANZE	GRÖSSE	EIGENSCHAFTEN
MASSLIEBCHEN *Bellis perennis*	**H** 15–20 cm **B** 20 cm	Fröhliche Maßliebchen erscheinen im zeitigen Frühjahr mit rosa, roten oder weißen Blüten. Sie können die winterharten Zweijährigen bis in den Sommer bewundern.
GOLDLACK *Cheiranthus cheiri*	**H** 20–45 cm **B** 15–20 cm	Goldlack ist kaum zu übertreffen, wenn es um Duft oder Farben geht. Diese Zweijährige hat vom zeitigen Frühjahr bis Frühsommer dichte, fein duftende Blütenkerzen in Rot, Gelb, Orange, Violett oder Bronze.
KROKUS *Crocus*	**H** 7–10 cm **B** 5–7,5cm	Die leuchtenden trichterförmigen Blüten dieser kleinen, winterharten Knollenpflanze sind als Frühlingsboten herzlich willkommen. Krokusse gibt es einfarbig in Weiß, Creme, Violett oder zweifarbig.
ALPENVEILCHEN *Cyclamen coum*	**H** 5–7,5 cm **B** 15 cm	Von Mitte Winter bis ins zeitige Frühjahr trägt diese meist winterharte Pflanze kleine, zarte Blüten von sehr blassem Rosa bis zu leuchtendem Magenta. Die Blätter sind dunkelgrün oder silbern gezeichnet.
WINTERLING *Eranthis hyemalis*	**H** 15 cm **B** 15 cm	Goldgelbe, butterblumenähnliche Blüten mit grünem Kragen trägt dieses winterharte Knollengewächs. Die Blüten sehen vom späten Winter bis ins Frühjahr unter Sträuchern und Bäumen bezaubernd aus.
SCHNEEHEIDE *Erica carnea*	**H** 15–30 cm **B** 25–60 cm	Hervorragender, pflegeleichter Bodendecker. Zahlreiche Blütenkerzen in Weiß, Rosa oder Violett blühen den ganzen Winter über bis ins zeitige Frühjahr auf einem Hügel aus immergrünen Blättern.
SCHNEEGLÖCKCHEN *Galanthus nivalis*	**H** 10–20 cm **B** 5–10 cm	Schon der Anblick dieser kleinen weißen Glöckchen ist für mich ein Ausgleich für die Kälte des Winters. Die Blüten dieser winterharten Zwiebelpflanze haben innen eine dekorative grüne Zeichnung.
IRIS *Iris reticulata*	**H** 15–20 cm **B** 7,5–10 cm	Diese winterharte Iris ist zwar klein, aber kaum zu übersehen! Die leuchtend violettblauen Blüten haben helle gelbe Streifen und bieten im späten Winter und zeitigen Frühjahr ein ungewöhnliches Bild.
MÄRZENBECHER *Leucojum vernum*	**H** 20–25 cm **B** 15–20 cm	Dieser Verwandte des Schneeglöckchens hat hängende, glockenförmige Blüten mit grünen Punkten an der Spitze der Blütenblätter. Die winterharte Zwiebelpflanze blüht im späten Winter und Frühjahr.
KÜCHENSCHELLE *Pulsatilla vulgaris*	**H** 20 cm **B** 15 cm	Eine Eigentümlichkeit der Küchenschelle ist der seidige Flaum auf den Stängeln und Blüten. Glockenförmige Blüten zeigen sich ab dem zeitigen Frühjahr in Weiß, Rosarot oder Violett, mit goldgelben Staubgefäßen.

STANDORT	PFLEGE	TIPPS
Recht gut dränierter Boden in der Sonne oder Halbschatten.	Sommerblumen sind leicht erhältlich, oder Aussaat in einen beheizten Anzuchtkasten vom späten Frühjahr bis Hochsommer für Blüte im nächsten Jahr.	• Regelmäßiges Entfernen der verwelkten Blüten verlängert die Blühperiode. • 'Pomponette Mixed' ist eine schöne Mischung zur Anzucht aus Samen. Sehr kompakt mit kräftigen Farben.
Normaler Boden, auch alkalisch, Sonne oder Halbschatten.	Pflanzen kaufen oder von Mitte Frühjahr bis Frühsommer ins Freie säen. Triebspitzen ausbrechen, wenn die Pflanzen 7,5–10 cm groß sind.	• Die Triebspitzen junger Pflanzen abbrechen, um einen schönen, buschigen Wuchs zu erhalten. • Der feine Duft des Goldlacks lockt Bienen in den Garten. • Pflanzen Sie ihn zu Tulpen in kräftigen Farben.
Sonniger Platz mit gut dräniertem Boden.	Die zwiebelartigen Knollen pflanzen, sobald sie erhältlich sind, meist im Herbst. Pflanztiefe je nach Knollengröße, etwa 7,5–13 cm.	• Krokusse sehen am besten in natürlich wirkenden unregelmäßigen Tuffs aus. • Verwildern Sie Krokusse in einem Grasstück. Dazu stechen Sie ein Rasenstück aus, legen die Knollen in den Grund und decken wieder ab.
Feuchter, aber gut dränierter Boden, Sonne oder lichter Schatten	Als Topfpflanzen oder Knollen kaufen. Am besten im Spätsommer oder Frühherbst pflanzen, auf 2,5–5 cm unter die Erdoberfläche.	• Verwenden Sie jeden Herbst Lauberde oder Gartenkompost, um den Boden in Form zu halten. • Alpenveilchen werden oft wild gesammelt, was die ursprünglichen Vorkommen schädigt. Achten Sie darauf, Kulturpflanzen zu kaufen.
Gut dränierter Boden, Sonne, Halb- oder Vollschatten.	Die Knollen einige Stunden vor dem Pflanzen in lauwarmes Wasser legen. Blätter sterben im Sommer ab. Immer zwischen Sommerblumen pflanzen.	• Wenn Sie Schwierigkeiten haben, Winterling aus Knollen zu ziehen, erhalten Sie in speziellen Gärtnereien Pflanzen mit Blättern, die gleich nach der Blüte ausgegraben wurden. Diese sind teurer, aber leichter zu ziehen.
Verträgt viele Böden in Halbschatten oder besser voller Sonne.	Am besten im Herbst oder Frühjahr pflanzen. Lauberde oder Gartenkompost einarbeiten, damit der Boden nicht zu trocken wird. Bei Trockenheit gießen.	• Nach der Blüte leicht zurückschneiden, um die Pflanze dicht und kompakt zu halten. • Als Bodendecker wirken sie am besten in Gruppen von gleichfarbigen Pflanzen, möglichst in ungerader Zahl.
Schattiger Platz mit normalem Boden, weder trocken noch nass.	Die Zwiebeln im Frühherbst – mindestens 10 cm tief – in kleinen Tuffs unter Bäume und Sträucher pflanzen. Zu dichte Ballen ausgraben und teilen.	• Wenn Schneeglöckchenzwiebeln nicht treiben, kaufen Sie in der Gärtnerei gleich nach der Blüte ausgegrabene Pflanzen mit Blättern. Achten Sie darauf, dass die Zwiebeln nicht aus Wildsammlung stammen.
Gut dränierter Boden in viel Sonne.	Die Zwiebeln pflanzen, sobald sie im Gartencenter oder der Gärtnerei erhältlich sind (Früh- bis Mitte Herbst), auf 15–23 cm Tiefe.	• Für eine kräftige Blüte im nächsten Jahr geben Sie alle drei bis vier Wochen einen Kalidünger, wenn die Blüten zu welken beginnen. • Wählen Sie eine der vielen Kultursorten, um andere Farben zu erhalten.
Gut dränierter, aber humoser Boden in lichtem Schatten.	Die Zwiebeln pflanzen, sobald sie erhältlich sind, meist im Herbst, auf 5–10 cm Tiefe. Sie gedeihen gut, wenn sie einige Jahre am selben Platz bleiben.	• Regelmäßiges Entfernen der verwelkten Blüten verlängert die Blühperiode. • Für eine gute Blüte achten Sie auf weder zu nassen noch zu trockenen Boden. • Für neue Pflanzen dichte Ballen teilen.
Sonniger Platz mit gut dräniertem, kalkhaltigem Boden.	Im Herbst oder Frühjahr pflanzen. Grobsand einarbeiten. Arten können aus Samen gezogen werden, Kultursorten fallen nicht echt aus.	• Regelmäßiges Entfernen der verwelkten Blüten verlängert die Blühperiode. Gegen Ende einige der hübschen Samenstände stehen lassen. • Ich mag besonders 'Rubra' (kräftig rot), 'Alba' (weiß) und 'Barton's Pink' (feines Perlmuttrosa).

KÄLTEFAN
Der tapfere kleine Winterling blüht im kältesten Winter. Seine seidig goldenen Blüten zeigen sich stolz auch im Schnee.

GEZÄHMT
Auch wenn Sie die wilden Verwandten nicht mögen, ist *Bellis perennis* eine hübsche Kübel- oder Beetpflanze für das zeitige Frühjahr.

A LA MODE
Es gibt viele Sorten der *Iris reticulata*, in großer Auswahl an schönen Farben – dies ist 'J. S. Dijt' in Königsviolett. Ihre kräftigen Farben und eleganten Formen wirken im Frühjahr gut in Kübeln. Manche duften fein, aber charakteristisch.

Spätsommer- und Herbstblumen

IM SPÄTSOMMER verblassen auch die schönsten Blumenrabatten – manchmal sogar über Nacht. Alles sieht müde und jämmerlich aus. Wenn Sie dieser Tristesse einige Spätblüher entgegensetzen, haben Sie bis weit in den Herbst hinein ein beeindruckend leuchtendes Farbenspiel.

WEITERE BLUMEN FÜR DEN SPÄTSOMMER

Staudenastern (*Aster*) S. 78 f. Mädchenauge (*Coreopsis*) S. 138 f. Mittagsgold (*Gazania*) S. 140 f. Sonnenröschen (*Helianthemum*) S. 138 f. Bartfaden (*Penstemon*) S. 34 f. Rudbeckie (*Rudbeckia*) S. 88 f.

HERBSTFARBEN
Die trompetenförmigen Blüten der *Crocosmia* an eleganten Stängeln bringen Herbstwärme in Beete und Rabatten. Die grünen Fächer aus schwertförmigen Blättern bilden einen lebhaften Kontrast.

Kompakte Knospen öffnen sich zu sternförmigen Blüten

PASTELLTÖNE
Flache Blütenstände mit winzigen rosa Blüten sitzen über den kühlen, blassen Blättern von *Sedum spectabile*. An warmen Tagen sind sie mit Bienen und Schmetterlingen übersät.

PFLANZE	GRÖSSE	EIGENSCHAFTEN
HERBST-ANEMONE *Anemone × hybrida, A. hupehensis*	H 75–150 cm B 45–60 cm	Diese meist winterharten Staudenanemonen sind als Spätblüher kaum zu übertreffen. Ihre muschelförmigen Blütenblätter, meist weiß, rosa, oder fliederrosa, umgeben einen Kreis goldener Staubgefäße.
GARTEN CHRYSANTHEME *Chrysanthemum*	H 45–90 cm B 30–45 cm	Chrysanthemen sind kräftig und auffällig – und nicht nur das! Von Spätsommer bis Frühherbst sind diese meist nicht frostharten Stauden ein Feuerwerk in Gold, Bronze, Gelb, Orange, Rosa und Rot.
HERBSTZEITLOSE *Colchicum autumnale*	H 15–25 cm B 10–15 cm	Stellen Sie sich eine Alpenwiese im Herbst vor – Herbstzeitlose schmücken das Gras mit großen, kelchförmigen Blüten in Weiß oder Flieder. Diese winterharten Knollenpflanzen sind ideal zum Verwildern im Gras.
MONTBRETIE *Crocosmia*	H 45–90 cm B 10–15cm	Die feurigen Farben von Herbstblättern sind in den trichterförmigen Blüten der Montbretie an gebogenen Stängeln eingefangen. Die meist winterharte Knollenpflanze blüht im Spätsommer und Frühherbst.
SONNENHUT *Echinacea purpurea*	H 90–150 cm B 50 cm	Diese margeritenartigen Blüten in Weiß, Rosa oder Violett sind ein guter Hintergrund für auffälligere Spätblüher. Die winterharte Staude bietet Bienen und Schmetterlingen zum Saisonende ein opulenes Festmahl.
SONNENBRAUT *Helenium*	H 90–120 cm B 30–40 cm	Ein oder zwei Gruppen dieser margeritenartigen Staude in warmem Rot, Gelb oder Braun bringen noch spät Leben in die Rabatte. Jede Blüte hat ein hervorstehendes Zentrum.
TAGLILIE *Hemerocallis*	H 60–90 cm B 30–45 cm	Diese meist winterharten, ausdauernden Immergrünen blühen reichlich im Spätsommer. Die strahlenden trompetenförmigen Blüten sind rosa, orange, gelb, rot, weinrot oder einfach weiß.
GUERNSEYLILIE *Nerine bowdenii*	H 45 cm B 30 cm	Die zerbrechlich wirkenden Trompetenblüten dieser Staude sind zu lockeren Blütenständen geordnet. Die rosa, fein duftenden Blüten wirken exotisch, doch Guernseylilien sind nur bedingt winterhart.
SPALTGRIFFEL *Schizostylis coccinea*	H 60 cm B 25–30 cm	Diese winterharte Staude bringt von Spätsommer bis Mitte Herbst auffällige, sternförmige Blütenkerzen hervor. Die Blüten sind leuchtend rot, rosa oder weiß, die Blätter grün und schwertförmig.
FETTHENNE *Sedum spectabile*	H 40–45 cm B 40–45 cm	Im Spätsommer zeigen sich die kleinen, sternförmigen, meist rosa Blüten mit fast violettem Zentrum dieser winterharten Staude in dichten, runden Blütenständen. Die Blätter sind saftig und blaugrau.

STANDORT	PFLEGE	TIPPS
Feuchter, gut dränierter Boden in Halbschatten oder Sonne.	Am besten im Frühjahr oder Frühsommer pflanzen. Vorher organische Substanz zugeben, vor heißem Wetter mulchen, um die Wurzeln kühl zu halten.	• Blüht am besten im Halbschatten. • Im ersten Jahr und besonders kalten Regionen den Wurzelhals im Winter schützen. • Im Frühjahr teilen oder im Sommer Stecklinge von kräftigen Wurzeln schneiden (siehe S. 41).
Sonniger Platz mit gut dräniertem, gut gedüngtem Boden.	Im Frühjahr nach dem letzten Frost pflanzen. Bei magerem Boden verrotteten Kompost zugeben. Hochwachsende Sorten stützen.	Wenn alle Blüten und Blätter verwelkt sind, die Stengel auf 10–15 cm zurückschneiden und den Wurzelhals mit 10 cm tiefem Mulch abdecken. In kalten oder feuchten Gegenden zurückschneiden, ausgraben und im Gewächshaus lagern.
Geschützter Platz im Halbschatten, gut dränierter Boden.	Knollen in Gruppen in ca. 10 cm Tiefe pflanzen. Bei magerem Boden etwas Dünger einarbeiten. Bei längerer Trockenheit gut wässern.	• Den Boden im Sommer nicht austrocknen lassen, sonst leidet die Blüte. • Die Blätter können sehr groß werden, pflanzen Sie Herbstzeitlose an Stellen, wo sie im Frühjahr kleinere Pflanzen nicht stören.
Gut gedüngter und dränierter, feuchter Boden in Sonne oder Halbschatten.	Knollen im späten Winter oder zeitigen Frühjahr in Gruppen auf ca. 10–15 cm Abstand setzen. Durch Teilung älterer Ballen alle paar Jahre vermehren.	• Schneiden Sie verwelkte Blüten gleich ab, um im nächsten Jahr eine gute Blüte zu erhalten. • Bei Trockenheit gut feucht halten. • Harte Winter schädigen die Pflanzen leicht, decken Sie mit Rindenmulch oder Ähnlichem ab.
Sonniger Platz mit normalem, gut dräniertem Boden.	Am besten im Herbst und Frühjahr pflanzen. Vermehren durch Teilung älterer Pflanzen im Herbst oder Frühjahr oder Wurzelstecklinge im Frühjahr.	• Höhere Sorten nach hinten in die Rabatte pflanzen und bei Bedarf stützen. • Die Sorte 'Robert Bloom' hat tief violettrote Blüten, 'White Swan' blüht weiß mit einem grünen Hauch.
Am besten ein sonniger Platz mit eher feuchtem Boden.	Im Herbst oder zeitigen Frühjahr pflanzen. Organische Substanz einarbeiten. Ältere Ballen im Herbst oder Frühjahr teilen.	• Wenn Sie die ersten verwelkten Blüten abschneiden, kommt es oft zu einer zweiten Blüte. • Höhere Pflanzen brauchen eine Stütze. • Setzen Sie Pflanzen einer Sorte in Gruppen, um die Farbwirkung zu steigern.
Eher feuchter Boden, in der Sonne.	Am besten im Herbst oder Frühjahr pflanzen. Taglilien sind pflegeleicht, brauchen aber einige Jahre, bis sie voll blühen. Trockene Standorte mulchen.	• Die Ballen lassen nach ca. vier Jahren nach. Teilen Sie sie im Spätsommer oder zeitigen Frühjahr und pflanzen Sie die gesunden Teile wieder ein. • In kälteren Gegenden Stauden pflanzen, die immergrünen Sorten sind nicht winterhart.
Gut dränierter Boden in voller Sonne, am besten an einer warmen Wand.	Im Frühjahr pflanzen. In kalten Gegenden über Winter mit einer tiefen Schicht Rindenmulch schützen, oder in Kübel pflanzen und überwintern.	• Guernseylilien werden nicht gern gestört, lassen Sie sie so lange wie möglich in Ruhe. Sehr dichte Ballen im Spätsommer teilen, damit sie bis zum Winter wieder anwachsen können. • *N. bowdenii* hält als einzige Art Frost aus.
Feuchter, nicht sumpfiger Boden in Sonne oder Halbschatten.	Am besten im Herbst oder Frühjahr pflanzen. Boden immer feucht halten, sonst gedeihen die Blüten nicht. Jedes vierte Jahr im Frühjahr Ballen teilen.	• Trotz Winterhärte ist es in strengen Wintern oder kalten Regionen besser, den Wurzelhals gut mit Rindenmulch oder ähnlichem abzudecken. • Interessante Sorten sind 'Major' (karminrot) und 'Maiden's Blush' (rosa).
Sonniger Platz, Boden nicht zu schwer und feucht.	Am besten im Herbst oder Frühjahr pflanzen. Die verwelkten Blütenstände stehen lassen, sie helfen, den Wurzelhals im Winter zu schützen.	• Andere Fetthenne-Sorten, die im Früh- und Mittelherbst blühen, sind 'Ruby Glow' (rötlich-violette Blüten), 'Autumn Joy' (rosa, wird mit der Zeit rot), die im Schatten gedeiht, und 'Bertram Anderson' (rot).

SPÄTES KUNTERBUNT
Farbenfroh zeigt sich das Beet mit Sonnenbraut, Goldrute, Schafgarbe, Monarde und Rosen – es gibt also auch Ende des Sommers noch hübsche Rabatten!

WIRKUNGSVOLL *unten*
Herbstanemonen wie *Anemone hupehensis* 'September Charm' bringen Farbe und Höhe in eine Spätsommer- oder Herbstbepflanzung.

Prächtige Blätter

Bei diesen Blütenpflanzen stehen die Blätter im Rampenlicht und stehlen den Blüten die Schau. Als dekoratives Blattwerk schmücken sie Ihren Garten fast das ganze Jahr über – auch wenn sie nicht blühen –, und bilden für Pflanzen in der näheren Umgebung einen optisch reizvollen Hintergrund.

Weitere Blumen mit prächtigen Blättern

Akelei (*Aquilegia*) S. 94 f.
Alpenveilchen (*Cyclamen coum*) S. 154 f.
Lerchensporn (*Corydalis*) S. 144 f.
Wolfsmilch (*Euphorbia*) S. 52 f.
Storchschnabel (*Geranium*) S. 120 f.
Adamsnadel (*Yucca filamentosa*) S. 140 f.

Struktur und Farbe *rechts*
Der metallische Glanz der Blätter von *Heuchera* 'Pewter Moon' fasziniert mich. Ihre Unterseiten in kräftigem Rosa sind ebenso schön.

Üppiges Grün *links*
Die großen, deutlich geaderten Blätter der Funkien – hier 'Tall Boy' – wirken saftig. Im Spätsommer werden sie durch viele trichterförmige, blasslila Blüten ergänzt.

Pflanze	Grösse	Eigenschaften
KRIECHENDER GÜNSEL *Ajuga reptans*	H 10–25 cm B 45 cm	Fast über Nacht entwickelt die Pflanze eine dichte Matte immergrüner, je nach Sorte violetter, rötlicher oder geflammter Blätter. Leuchtend blaue oder lila Blütenkerzen zeigen sich im Frühjahr und Frühsommer.
FRAUENMANTEL *Alchemilla mollis*	H 50–60 cm B 75–80 cm	Die runden, gezackten Blätter sind leicht flaumig und graugrün unter den limonengrünen Blütenständen. Die hügelartigen Gruppen gerader Stängel sehen mit funkelnden Tautropfen bedeckt schön aus.
PURPURGLÖCKCHEN *Heuchera*	H 25–45 cm B 20–30 cm	Die winzigen Blüten auf hohen Stängeln, die sich im Frühsommer zeigen, überragen ein Büschel schön gefärbter oder gemusterter Blätter. Diese winterharte Staude behält ihr Laub oft das ganze Jahr über.
FUNKIE *Hosta*	H 30–60 cm B 45–90 cm	Diese winterharte Staude verdient wegen ihrer wunderbaren Blätter – meist breit und gerundet, in Limonengrün, Blaugrün, Silberblau, oft in Gelb, Creme oder Weiß geflammt – einen Platz in jedem Garten.
GEFLECKTE TAUBNESSEL *Lamium maculatum*	H 20–30 cm B 30–60 cm	Die attraktiven silber- oder weißgefleckten Blätter dieser winterharten Staude sehen meist das ganze Jahr über gut aus. Sie eignet sich als Bodendecker. Blüht im Sommer hübsch in Weiß, Rosa oder Rotviolett.
LUNGENKRAUT *Pulmonaria*	H 25–30 cm B 45–60 cm	Zwar bildet diese winterharte Staude ihre violetten, roten, rosa, weißen oder blauen Blüten im Frühjahr, doch die Blätter wirken mit weißen und silbernen Mustern auf Dunkelgrün den ganzen Sommer über.
STEINBRECH *Saxifraga × urbium*	H 20–25 cm B 60 cm	Diese winterharte Staude trägt ihre kleinen, sternförmigen Blüten über ungewöhnlichen, leuchtend grünen Blattrosetten. Die Blütenstände zeigen sich im Frühsommer und sind weiß mit rosa Zeichnung.
HAUSWURZ *Sempervivum*	H 5–7,5 cm B 25–35 cm	Diese immergrüne Sukkulente bildet ausladende Rosetten aus fleischigen, spitzen Blättern in Grün und Rosa, die dicht an dicht sitzen. Rosa Blüten auf hohen, fleischigen Stängeln öffnen sich im Sommer.
HENNE MIT KÜKEN *Tolmiea menziesii*	H 60 cm B 30 cm	Diese ausdauernde Immergrüne bildet einen Teppich aus gerundeten, am Rand leicht gewellten, blassgrünen Blättern. Aus diesen entwickeln sich die jungen Pflanzen der Henne mit Küken.
GROSSES IMMERGRÜN *Vinca major* 'Variegata'	H 30 cm B 90 cm	Die gebogenen Stängel dieser winterharten Staude sind mit blassgrünen Blättern mit gelbem Rand bedeckt. Im späteren Frühjahr entwickelt sie sehr hübsche, blass blauviolette Blüten.

STANDORT	PFLEGE	TIPPS
Jeder feuchte Boden, in der Sonne oder im Schatten.	Am besten im Herbst oder Frühjahr pflanzen. Neue Pflanzen, die sich an bewurzelten Stängeln bilden, abtrennen, oder im Herbst oder Frühjahr teilen.	• Durch frühes Ausputzen kann die Pflanze bis in den Herbst blühen. • Ich mag am liebsten 'Braunherz' (glänzende, dunkel violettbraune Blätter) und 'Burgundy Glow' (weiß oder rosarot geflammt).
Anspruchslos, in der Sonne oder Schatten, Boden nicht zu nass.	Am besten im Herbst oder Frühjahr pflanzen. Selbstausgesamte Keimlinge nach Wunsch verpflanzen oder im Herbst oder Frühjahr teilen.	• Frauenmantel ist pflegeleicht und samt leicht selbst aus – er kann auch lästig werden! • Eignet sich als Lückenfüller für fast jeden Platz. Setzen Sie ihn zwischen große Wegplatten (oder lassen Sie ihn dort aussamen).
Jeder feuchte Boden, in der Sonne oder Halbschatten.	Am besten im Herbst oder Frühjahr pflanzen. Jährliches Mulchen mit Lauberde oder reifem Kompost hält die Pflanze gesund und saftig.	• Die Pflanzen können alle paar Jahre im Frühherbst geteilt werden. • Eine meiner Lieblingssorten ist 'Pewter Moon'. Sie hat violette Blätter mit einer deutlichen silbergrünen Zeichnung auf der Oberseite.
Humoser Boden, Sonne, Halbschatten oder lichter Schatten.	Herbst und Frühjahr sind die besten Pflanzzeiten. Jährliches Mulchen mit Lauberde oder Kompost hält den Boden feucht.	• Ältere Ballen können im Spätsommer oder zeitigen Frühjahr geteilt werden. • Schnecken können Probleme bereiten, stellen Sie sich also auf den Kampf ein. Funkien im Topf ergeht es besser, gießen Sie nur gründlich.
Gut dränierter Boden, kein tiefer Schatten.	Am besten im Herbst oder Frühjahr pflanzen. Nach der Blüte zurückschneiden, um die dichte Form zu halten. Bei Bedarf im Herbst oder Frühjahr teilen.	• Taubnesseln bringen Leben in trockene, schattige Ecken unter Bäumen und großen Sträuchern. • Hübsche Sorten sind 'Beacon Silver' (rein silberne Blätter), 'White Nancy' (silbern mit grünen Rändern).
Eher feuchter Boden, lichter Schatten oder Vollschatten.	Im Herbst oder Frühjahr pflanzen. Damit die Pflanzen in Form bleiben, ausputzen und bei Trockenheit gießen. Ältere Pflanzen im Herbst oder Frühjahr teilen.	• In eher mildem Klima behält Lungenkraut das ganze Jahr über die Blätter. Entfernen Sie alle welkenden Blätter, die anfällig für Pilze sind. • Ganz und gar silberne Blätter haben Sorten wie *P. saccharata* 'Argentea'.
Mindestens leicht feuchter Boden mit Halbschatten.	Am besten im Herbst oder Frühjahr pflanzen. Bei zu trockenem Boden organische Substanz einarbeiten, um die Wasserhaltung zu verbessern.	• Neue Pflanzen erhalten Sie, indem Sie bewurzelte Rosetten im Herbst oder Frühjahr von älteren Ballen trennen. Dadurch sehen auch schon leicht mitgenommene Pflanzen wieder gut aus. Setzen Sie nur gesunde Teilpflanzen wieder ein.
Sonniger Platz mit gut dräniertem, leichtem Boden.	Am besten im späten Frühjahr und Frühsommer pflanzen. Grobsand zugeben, wenn der Boden nicht sehr durchlässig ist. Rosetten mit Wurzeln abteilen.	• Als Sukkulente übersteht die Hauswurz Trockenheit besser als die meisten Blattpflanzen. • Nach der Blüte sterben die Rosetten ab und werden durch neue ersetzt, die um die Mutterpflanze wachsen.
Feuchter, am besten saurer Boden in Voll- oder lichtem Schatten.	Am besten im Herbst oder zeitigen Frühjahr pflanzen. Gut feucht halten, wenn der Boden auch nur leicht trocken wird. Eventuell mulchen.	• Zur Vermehrung trennen sie die kleinen Pflanzen von den Blättern und topfen sie ein. • Üppige, gelb- und cremegefleckte Blätter haben 'Variegata' oder 'Taff's Gold'. • Eignet sich gut als Bodendecker.
Gut dränierter Boden, in Halbschatten oder Sonne.	Am besten im Herbst oder Frühjahr pflanzen. Vermehrung durch Abtrennen bewurzelter Stängel oder ältere Ballen im Frühjahr teilen.	• Wächst in recht tiefem Schatten, ist dann aber weniger geflammt und blüht schwächer. • Jedes Jahr nach gründlichem Gießen mulchen hilft, wenn der Boden zum Austrocknen neigt. • Bei Bedarf im Frühjahr zurückschneiden.

SAMTIG
Die fein gezahnten, leicht behaarten Blätter von *Alchemilla mollis* sehen aus wie aus üppigem grünem Samt zugeschnitten.

LANGJÄHRIG
In jedem meiner Gärten pflanze ich Lungenkraut. Hier *Pulmonaria saccharata* 'Frühlingshimmel' mit blauen Blüten.

VIELFARBIG
Die knittrigen Blätter machen Kriechenden Günsel zum guten Bodendecker. Das schönste Blattmuster hat *Ajuga reptans* 'Multicolor'.

Blumen als Bodendecker

BEI BODENDECKENDEN PFLANZEN denkt man meist an das pflegeleichte Grünzeug, das z. B. in öffentlichen Parkanlagen wächst. Aber weit gefehlt! Alle Pflanzen, die ich hier vorstelle, bilden einen Teppich aus ansehnlichen Blättern und hübschen Blüten, der zudem noch das Unkrautwachstum bremst.

WEITERE BLUMEN ALS BODENDECKER

Kriechender Günsel (*Ajuga reptans*) S. 158 f.
Bergenie (*Bergenia*) S. 144 f.
Glockenblumen (*Campanula*) S. 96 f.
Storchschnabel (*Geranium*) S. 120 f.
Taubnessel (*Lamium*) S. 158 f.
Immergrün (*Vinca*) S. 158 f.

WEISSE PRACHT *rechts*
Die hübsche Form der *Tiarella cordifolia* bewirkt, dass sie als Einzelpflanze ebenso gut aussieht wie als Bodendecker.

BLAUE TRAUBE *links und unten*
Die kleinen blauen Blütenpyramiden der *Muscari armeniacum* – zu Deutsch Traubenhyazinthe – sehen wie umgedrehte Traubenstiele aus.

PFLANZE	GRÖSSE	EIGENSCHAFTEN
GÄNSEKRESSE *Arabis*	H 20–25 cm B 50–60 cm	Bildet einen dichten, graugrünen Blätterteppich mit kleinen, weißen oder rosa Blüten von Mitte Frühjahr bis Frühsommer. Die Blüten dieser winterharten Pflanzen werden im Laufe der Zeit höher.
SCHEINGEISSBART *Aubrieta deltoidea*	H 15–20 cm B 60 cm	Die Blüten sind zwar klein, doch so zahlreich und leuchtend, dass sie im Frühjahr sehr gut wirken, besonders in Gruppen. Die Blätter dieser winterharten, ausdauernden Immergrünen haben kurze Härchen.
SILBERWURZ *Dryas × suendermannii*	H 20 cm B 60 cm	Diese winterharte Staude bildet einen immergrünen Teppich aus kleinen, eichenlaubartigen Blättern. Vom späten Frühjahr bis Hochsommer zeigen sich weiße Blüten mit leuchtend gelben Staubgefäßen.
HASENGLÖCKCHEN *Hyacinthoides non-scripta*	H 25–30 cm B 15 cm	Im späten Frühjahr gibt es keinen schöneren Anblick als blühende Bäume in einem Meer von Hasenglöckchen. Die Blüten dieser winterharten Pflanze tragen Glocken in Weiß, Tiefblau oder Blassrosa.
TRAUBENHYAZINTHE *Muscari*	H 10–20 cm B 10–15 cm	Im Frühjahr trägt diese winterharte Zwiebelpflanze dichte Blütenstände mit kleinen blauen oder weißen, leicht duftenden Blüten. Die Blätter sind graugrün und schmal. Pflanzen Sie kleine Tuffs unter Sträucher.
WIESENKNÖTERICH *Bistorta officinalis* 'Superba'	H 90 cm B 60 cm	Wie hübsch gefärbte Flaschenbürsten sehen die dichten, leuchtend rosa Blütenstände aus, die vom späten Frühjahr bis Hochsommer die hellgrünen Blatthügel überragen. Eine ausdauernde halb Immergrüne.
FALSCHE ALRAUNWURZEL *Tellima grandiflora*	H 80 cm B 60 cm	Diese winterharte Staude wächst an schattigen Plätzen. Ihre Blätter sind hellgrün, rund und gelappt, die Blütenstände mit kleinen gelbgrünen Glocken zeigen sich vom späten Frühjahr bis Frühsommer.
SCHAUMBLÜTE *Tiarella cordifolia*	H 15 cm B 45 cm	Wie Schaumwellen treiben die lockeren Blütenstände mit sternförmigen Blüten im Sommer über den hellgrünen, gelappten Blättern. Die winterharte Staude bildet einen hübschen grünen Teppich.
KAPUZINERKRESSE *Tropaeolum majus*	H 20–30 cm B 20–30 cm	Diese meist winterharte Einjährige bringt den ganzen Sommer über große, offene Blüten in feurigen Farben hervor. Die blaugrünen Blätter sind fast rund. Es gibt Sorten in Rotorange, Creme, Gelb und Orange.
KLEINES IMMERGRÜN *Vinca minor*	H 20 cm B 75 cm	Diese winterharte, ausdauernde Immergrüne wird wegen ihrer langen, hängenden Stängel gepflanzt, an der im Frühjahr bis Frühsommer hübsche rosa, weiße, blauviolette oder geflammte Blüten hängen.

STANDORT	PFLEGE	TIPPS
Gut dränierter Boden in viel Sonne.	Am besten im Frühjahr pflanzen. Wenn die meisten Blüten verwelkt sind, die Pflanze zurückschneiden. Pflanzen nach der Blüte teilen.	• Gänsekresse wächst auch in eher schwerem Boden und Schatten, doch die Blätter werden dann weniger dicht, die Blüte schwächer. • Interessant geflammte Blätter mit klarem gelbem Rand hat die Sorte 'Variegata'.
Gut dränierter, am besten alkalischer Boden und viel Sonne.	Im Frühjahr pflanzen. Gedeiht besser in alkalischen Böden, oder in leicht sauren, die vorher gekalkt wurden. Pflanzen im Spätsommer teilen.	• Nach der Blüte mit der Heckenschere wieder in die kompakte Form schneiden. • Unregelmäßige Pflanzen im Spätsommer teilen und nur kräftige Teile neu pflanzen. • Ideal für Lücken in Steinmauern.
Durchlässiger, am besten saurer Boden und viel Sonne.	Das Frühjahr ist die beste Pflanzzeit. Zusätzlich Grobsand und saures Material, z. B. Farnhäcksel, zugeben, um den Säuregrad zu verbessern.	• Halbreife Stecklinge im Sommer schneiden. • Die verwelkten Blüten stehen lassen, damit sich attraktive, seidige Samenstände bilden können. • Dieser kleinwüchsige Bodendecker passt gut zu anderen kleinen Pflanzen, z. B. Alpenblumen.
Feuchter, aber nicht sumpfiger Platz in lichtem Schatten.	Am besten auf 13–15 cm Tiefe setzen, sobald die Zwiebeln im Spätsommer erhältlich sind. Samt leicht selbst aus, blüht dann aber erst nach 5 Jahren.	• Verwildern Sie die Zwiebeln in Tuffs unter Baumgruppen. Sorten mit kleineren Blüten wirken natürlicher. • Hasenglöckchen können sich wie Unkraut vermehren. Behalten Sie Ihre Rabatte im Auge.
Sonniger Platz mit recht gut dräniertem Boden.	Die Zwiebeln im Spätsommer oder Herbst 5–7,5 cm tief setzen. Sehr anspruchslos und pflegeleicht. Ältere Ballen alle paar Jahre teilen.	• Eignet sich als Weg- oder Beeteinfassung, wuchert aber leicht und breitet sich stark aus. • Gut geeignet für Kübel und Fensterkästen. • Wachsen im Halbschatten, blühen aber dann weniger.
Feuchter, aber gut dränierter Boden in Sonne oder Halbschatten.	Am besten im Herbst oder Frühjahr pflanzen. Regelmäßig gießen, mindestens bis zum Anwachsen. Danach wächst die Pflanze schneller.	• Ältere Ballen im Herbst oder Frühjahr teilen. • Gedeiht auch gut im Schatten, wo Blüten und Blätter blasser gefärbt sind. • Knöterichblüten sind ungewöhnliche, lang haltende Schnittblumen.
Gut dränierter, feuchter Boden, kühler Platz in lichtem Schatten.	Am besten im Herbst oder Frühjahr pflanzen. Ältere Ballen zur Verjüngung im Herbst oder Frühjahr teilen.	• Regelmäßig gießen, wenn der Boden austrocknen könnte. Das ist besonders wichtig, solange die Pflanzen noch anwachsen. • In besonders strengen Wintern oder kalten Gärten sollten Sie für Winterschutz sorgen.
Kühler, humoser, eher saurer Boden im Halbschatten.	Am besten im Herbst oder Frühjahr pflanzen, bei Bedarf Lauberde einarbeiten. Ältere Pflanzen im Herbst oder Frühjahr teilen.	• Unter Bäumen und Sträuchern sehen Schaumblüten als Bodendecker besonders gut aus. • Schaumblüten kriechen gerne und können es auf einen Umfang von bis zu 90 cm bringen. • Im Winter färben sich die Blätter schön braun.
Gut dränierter Boden in voller Sonne.	Bei leichtem Boden organische Substanz geben. Im Frühjahr in einen beheizten Anzuchtkasten säen. Abhärten und nach dem letzten Frost auspflanzen.	• Auf 20–25 cm Abstand gesetzt, eignet sie sich gut als Bodendecker an sonnigen Plätzen. • Kapuzinerkresse ist auch eine gute Kübelpflanze. Regelmäßig gießen und nicht zu stark düngen, sonst blüht sie nicht.
Jeder gut dränierte Boden, volle Sonne oder Halbschatten.	Im Herbst oder Frühjahr pflanzen. Ist der Boden trocken, organische Substanz beim Pflanzen zugeben. Mulchen hilft der Pflanze beim Anwachsen.	• Wächst schnell. Bei einem Pflanzabstand von 60 cm bildet sich bald eine dichte Decke. • Um neue Pflanzen zu erhalten, trennen Sie Stängel ab, die ein eigenes Wurzelsystem entwickelt haben.

VARIATIONEN
Kapuzinerkresse hat meist einfach grüne Blätter, doch die geflammte Sorte *Tropaeolum majus* 'Alaska' wirkt auch ohne Blüten.

KULTIVIERTES ROSA
Die meisten Gärtner erschrecken, wenn sie von Knöterich nur hören, doch die Kulturform *Bistorta officinalis* 'Superba' sieht gut aus und ist leicht zu kontrollieren.

CHARMANT
Gänsekresse wie diese kräftig rosa *Arabis blepharophylla* 'Spring Charm' ist in Steingärten genauso hübsch wie in Rabatten. Ich mag sie auch in der Steinmauer.

Glossar

Kursiv geschriebene Wörter innerhalb einer Definition haben einen eigenen Eintrag.

ANZUCHTKASTEN: Kleiner geschlossener Kasten mit durchsichtigem Deckel und meist mit Bodenheizung, der eine feuchte Atmosphäre für die Samenkeimung, die Wurzelbildung oder für andere Pflanzen bietet.

ART: Eine Abteilung der Pflanzenkatalogisierung innerhalb einer Gattung, die nah verwandte, ähnliche Pflanzen umfasst.

AUSPUTZEN: Das Entfernen verwelkter Blüten oder Blütenstände, um das Wachstum oder die Blütenentwicklung anzuregen, die Samenentwicklung zu verhindern oder das Aussehen zu verbessern.

DRÄNIERTER BODEN: Boden, in dem überflüssiges Wasser gut abfließen kann.

EINJÄHRIGE: Eine Pflanze, die ihren Lebenszyklus (keimen, blühen, Samen entwickeln, absterben) innerhalb eines Jahres vollendet.

EINTOPFEN: Sämlinge in einzelne Töpfe verpflanzen.

fo. (*forma*, Form): Wird für Pflanzen einer Art verwendet, die sich in einer Kleinigkeit unterscheiden.

GATTUNG: Eine Gruppe verwandter Arten, die gemeinsame Eigenschaften aufweisen, z. B. *digitalis* (Fingerhüte).

GEFLAMMT: In einer oder mehreren Farben gezeichnet. Wird oft für Blätter mit weißer, gelber oder cremefarbener Zeichnung verwendet.

HOCHBLATT: Ein abgewandeltes Blatt am unteren Ende der Blüte oder Blütengruppe. Hochblätter können wie normale Blätter aussehen oder zu Schuppen zurückgebildet sein. Oft sind sie groß und gefärbt.

HYBRIDE: Nachkomme genetisch verschiedener Eltern, meist aus zwei verschiedenen Arten.

KNOLLE: Verdickter, meist unterirdischer Spross mit Speichergewebe.

KOMPOST: Organisches Material, das bei der Verrottung organischer Abfälle aus Küche und Garten entsteht.

KRAUTIGE PFLANZE: Pflanze mit weichen, nicht holzigen Stängeln, die im Winter (meist) absterben.
KULTURSORTE: siehe Sorte

LAUBERDE: Faseriges, flockiges Material aus zerfallenen Blättern, das in Topfsubstraten und zur Bodenverbesserung eingesetzt wird.

MULCH: Material, das in Schichten auf die Bodenoberfläche ausgebracht wird, um Unkraut zu unterdrücken, Feuchtigkeit zu halten und für eine kühle, gleichmäßige Wurzeltemperatur zu sorgen. Außer organischem Material wie Mist, Rinde und Gartenkompost eignen sich auch Folie oder Kies.

NICHT FROSTHART: Verträgt keinen Frost.

SAME: Reife, befruchtete Samenanlage mit einem ruhenden Embryo, der sich zu einer ausgewachsenen Pflanze entwickeln kann.

SOMMERBLUMEN: Pflanzen (meist Einjährige, aber auch Zweijährige und Stauden) die für vorläufige, oft auffällige Pflanzungen verwendet werden.

SORTE: Durch Zucht hervorgebrachte Sorte einer Pflanze, im Gegensatz zur natürlich vorkommenden Variante.

STAUDE: Eine Pflanze, meist krautig, die mindestens drei Jahre alt wird.

STECKLING: Ein Stück Stängel, Wurzel oder Blatt, das, wenn es zur richtigen Zeit geschnitten und richtig behandelt wird, zu einer neuen Pflanze heranwächst. Basalsteckling: aus der Basis einer (meist *krautigen*) Pflanze geschnitten, wenn sie im Frühling neu austreibt. Wurzelsteckling: aus einer halbreifen oder reifen Wurzel geschnitten. Halbreifer Steckling: während der Vegetationszeit aus halb verholzten Trieben geschnitten. Weichholzsteckling: während der Vegetationszeit aus jungen, unreifen Trieben geschnitten.

SUBSP. (*subspecies*): Unterabteilung einer *Art*, höher in der Ordnung als *varietas* oder *forma*.

SUBSTRAT: Vorbereitete, in verschiedenen Formen erhältliche Pflanzerde, z. B. Mehrzweck-, Stecklings- oder Anzuchtsubstrat.

TEILUNG: Das Ausgraben und Teilen eines Ballens in kleine Stücke, die dann wieder eingepflanzt werden.

UMTOPFEN: Eine Pflanze von einem kleineren Topf in einen größeren verpflanzen.

VAR. (*varietas*, Variante): Natürlich auftretende Variante einer Wildart, z. B. mit einer anderen Blütenfarbe.

WINTERHART: Verträgt Frost und Kälte und kann daher das ganze Jahr über im Freien stehen.

WURZELHALS: Der Teil einer krautigen Pflanze, an dem die Stängel in die Wurzel übergehen und wo sich neue Triebe entwickeln.

ZWEIJÄHRIGE: Eine Pflanze, die im ersten Jahr Blätter hervorbringt und im zweiten blüht, Samen entwickelt und abstirbt.

ZWERGFORM: Natürlich kleinwüchsige Mutation einer Pflanze, oft vegetativ vermehrt, um eine Zwergkultursorte zu erhalten.

ZWIEBEL: Unterirdisches Speicherorgan, das aus einem kurzen Spross und verdickten, fleischigen Schuppenblättern besteht.

×: Zeigt eine *Hybride* an.

Register

Wo es mehrere Verweise gibt, ist der Haupteintrag in **halbfett**. *Kursive* Zahlen verweisen auf Abbildungen. Gibt es keinen deutschen Namen, ist nur der lateinische verzeichnet.

Danksagungen

Dank der Autorin

Ich danke Jenny Jones, Jane Bull, Annabel Morgan, Louise Abbott, Lee Griffiths, David Lamb, Anne-Marie Bulat und den anderen bei Dorling Kindersley für ihre Hilfe und Begeisterung bei der Arbeit an diesem Buch, Dae King für seine wunderbaren Fotos und Alasdair, der meine Arbeit übernommen hat, auch das Graben, als der Bauch zu dick wurde.

Dank des Verlags

Redaktionsassistenz: Diana Vowles, Tanis Smith. Zusätzliches DTP-Design: Sonia Charbonnier. Auslandskontakte: Alison Rich. Register: Ella Skene.

Wir danken besonders den folgenden Gartenzentren für ihre Hilfe:

Forest Lodge Garden Centre, Holt Pound, Farnham, Surrey GU10 4LD
Hopleys Plants Ltd, Much Hadham, Herts SG10 6BU
Kelways Ltd, Langport, Somerset TA10 9EZ

Bildnachweis

Der Verlag dankt folgenden Personen für die freundliche Erlaubnis, ihre Fotos abzudrucken:

o = oben, m = Mitte, u = unten, l = links, r = rechts

A-Z Botanical Ltd: D.W. Bevan 26mr. Heather Angel: 36ml. Bruce Coleman Collection: Kim Taylor 10ol. Melanie Eclare: 41m, 48–49, 60ur, 61m. The Garden Picture Library: Brian Carter 86ur; Kathy Charlton 141mr; Ron Evans 128–129; John Ferro Sims 11um, 67mr; John Glover 12m, 84ml, 120ur, 126ol, 127or; Juliet Greene 82m, Marijke Heuff 103or, Michael Howes 112ur; Jacqui Hurst 57m, 69ul; Lamontagne 11ur; Mayer/Le Scanff 2, 85ul, 102m, 103ol; Jerry Pavia 63ol, Howard Rice 11m, 13om, 30–31, 42u, 114mr; J.S. Sira 94ur; Juliette Wade 46or, 99ol; Didier Willery 111ur, 118mru; Steven Wooster 47ur, 64–65, 71om, 129or, 157or. John Glover Photography: 26ur, 34um, 63or, 72ur, 74mr, 90–91, 93ur, 97ur,113m,120. Jerry Harpur: 33ol, 39om, 40l, 54ml, 55ur, 76–77, 78ul, 88ur, 97or, 104ur, 119ul, 125or, 129 (Gartenentwurf von Simon Hopkinson). Sandra Hytch: 5or, 58c, 122–123. Andrew Lawson: 6–7, 12ml, 12–13, 13or, 35, 40ml, 45om, 53, 54mr, 59ul, 66m, 68ml, 81or, 92ml (Brook Cottage, Alkerton), 94ml, 94mr, 97m, 109or, 111or, 115ul, 124ul, 126mlu, um, 126–127, 127ur, 128ol, ul, m, 132ml, 154ml. Clive Nichols: 37om (Sticky Wicket, Dorset), 38r, 50ul (Bassibones Farm, Bucks.), 57ol (Vale End, Surrey), 68or, 73m, 101ml (Greystone Cottage, Oxon.), 112or, 118ml, m, mr,134ml, 135 or, 144ml (Greystone Cottage, Oxon.). Photos Horticultural: 27ul. Pictor International:129om. Howard Rice 79ul, 95. Tim Sandall: 27m&r. Juliette Wade: 72mr.
Umschlag: John Glover: hinten. Jerry Harpur: Rücken o.